如果没能大器晚成，

我也想要你快乐。

明天，我想重新喜欢上自己

林夏萨摩 著

新世界出版社
NEW WORLD PRESS

∞ ∞

旅行，

能帮我们修复体察事物的能力，

帮助我们继续热爱这个世界。

女人的包，

不只是个拿来装东西、

配衣服的装饰品那么简单，

包包是她们的底气，

装着她们的欲望和野心。

大城市里风很大，

一个人要记得好好吃饭。

不管你在哪个城市生活，

总会生出无数个想逃离的瞬间。

∞ ∞

人类的悲欢并不相通，

但我们可以选择跟自己和解。

自 序

人类的悲欢并不相通，但每个人的人生轨迹大抵相似，都逃不出聚散离合和高低起伏。

我经常前一秒幻想，回到过去某个特殊的时间点，去改变一些重大选择，又在后一秒自觉打消了这种念头，“想让时光倒流”这件事情本身就是对当下的否定。

否定了过去，过去便不再有意义。所以，如果真的给我一次甚至是十次时光倒流的机会，我也没有十足的把握，能把一切做得更出色，拥有一个更好、更精彩的人生。

我太懒了，导致这本书断断续续地写了很久。

地球每天在转，我的脑袋也每天在转，我的生活“天旋地转”。写这本书的过程当中，发生了很多插曲，有好的、有坏的，有快乐的、有扎心的，我对人生、对很多事的看法，也在不断变化着。

之前在某互联网公司做品牌经理的时候，公司给我招聘了个小助理 E。

E 聪明伶俐，比较好带，有一次我问她：“你今年有什么目标？”

她几乎没有思考，果断地说：“今年，我想重新喜欢上我自己。”

那个瞬间，我有点心疼，我知道，我在心疼她，也在心疼有过类似想法的我自己。

明明在同龄人中，她已经很优秀了，但当她将目光落在比她更优秀、起点更高的人身上，落在她渴望却无法触及的远方时，就会陷入灰暗里。

我相信，每个人的身体里都一定有自卑的部分，一定有他不满意甚至连做梦都在逃避的东西。

还记得有次和斯坦喝酒，两个人信誓旦旦——明年就三十了，三十而立，一定要做点成绩出来。

结果三十岁很快到来了，我们离各自预期的“自己”都还有很大的差距。我们都与各自的父母有着难以逾越的鸿沟，爱情动荡，没钱、没房、没结婚，满心热爱的事业刚刚起步，还没能显山露水。

我今年三十岁了，不害臊地说，“我今年三十岁，刚刚长大”。

三十岁，我才开始有一笔存款，才勉强拥有对讨厌的一切说“不”的勇气。

三十岁，我才能真正做到不顾一切不计得失地爱一个人。

三十岁，我才开始认真地考虑买一套属于自己的房子。不是都这样说嘛，女人想当作家，就必须有钱的同时拥有属于自己的一套房子，而且万一将来真的不结婚，也不至于老无去处、老无可依。

三十岁，我才开始不勉强自己。不勉强自己一辈子待在与人攀比的怪圈子里不得安宁，这会儿喜欢一线城市自由的氛围、拼搏的气息、奋斗的模样，就继续在一线城市待着。等到哪一天，厌倦了一线城市的高压和快节奏，就换一个二三线城市生活，用更惬意的心态、更轻盈的姿态体察生活。

三十岁，我才认清自己是个还怀揣理想与热血，有一点点特别的普通人。

三十岁，我才开始真正意义上喜欢自己，像是身体里住着可随时分离又可完全重叠的两个灵魂，能在必要的时候用局外人的眼光看待自己，跳出思维的墙，喜欢自信、独立、干练和果断的同时，连同敏感、脆弱、多愁善感和孤僻，一并喜欢和接纳了。很多人不知道，其实我非常孤僻。

比起很多人，我走得太慢了。

我还有很多缺点很多不足，很多没能实现的梦想。这绝对不是委婉地在夸自己，我只是想用一种真实，来让你们相信更多的真实，属于你们自己的真实。

记得有一次，李尚龙来上海做演讲。

结束后他组了个饭局，那次帅老师和圈子里另外几个作家朋友也在，席间，大家吃肉、喝酒、聊创作、畅谈人生与理想。

龙哥边喝酒边开玩笑，林夏你太慢了，读书的速度都跟不上我出书的速度。

我说，我也觉得，不仅读书的速度跟不上你出书的速度，写小说的速度也赶不上你拍电影的速度。

龙哥和帅老师都是真正的行动派、效率派，想干什么了，立马开干，绝对不存在拖泥带水的，说要写新书，就能立刻沉下心来拼命赶稿子，一口气把书赶出来，还能保证质量，稳居畅销榜。

在这点上，我真的很佩服他们。

尤其是龙哥，不管是教英语、写书、拍电影还是别的，他一旦认真做了，总能搞出点名堂来。我有时候，真觉得他像永动机一样，浑身有用不完的精力。

佩服他们的同时，自觉站到了佛系派（其实就是懒）的阵营里。

如果说龙哥他们是在山顶上眺望风景的人，我就是刚开始爬山，只爬了一小截的人。好在，我还没有放弃，至今还保持着对文字的热爱，仰望星空的同时还在往前赶路。

我想，现实里还有很多跟我一样在路上的人。

人生在世，奔腾的念头很多，肯踏实实践的人太少。

所以，每当有期待发芽时，只要有靠近的可能，哪怕只有一点点，你都不应该放弃。

2019 年 10 月，我在上海 MAO Live- House 听音乐会。

唱歌的间歇，歌手站在舞台上跟大家像老友般地聊天谈心。原来他在正式玩音乐之前，也是上过班搬过砖的，妥妥的打工人。

你看，找到了真正喜欢的方向，好像能让人重新活一次一样。

那晚到家以后，我发了一条朋友圈：“今晚，雪花、几何图形、幽蓝的光，情绪层层剥落。如果没能大器晚成，我也想要你快乐。”

亲爱的，我当然愿你美梦成真，但如果没能大器晚成，我也想要你快乐。这是我想对每一个读者说的真心话。

如果让我用一句话概括这本书的主题，我想它是：与自己和解，与世界和解，发自内心地爱自己，爱刻在自己身体上的每一个时光刻度。

话说回来，真心觉得我的读者和粉丝最好了，你们最好了，你们都有着异于常人的耐心和宽容。

这里很想感谢你们，谢谢你们喜欢我、期待我的文字。

我自认不是一个成功的人，更不敢贩卖什么成功学，更多时候，我把自己定位为一个分享者的角色，分享我亲身经历的故事，我身边朋友的故事，我们的故事对你来说，可能更有亲切感，更有参考意义。

请你不要太快读完这本书，我希望它是你精神上的“阿司匹林”，我希望它陪伴你的时间更久一点。

我希望它能在每一个你孤独的、疲倦的、不被人理解的、打算放弃、躺平、算了的瞬间，跳出来，抱抱你，给予你哪怕片刻的温暖。那样，我就很开心了。

最后，谨以此书，送给每一个还在路上用力奔跑的人，送给每一个还有梦想、还敢做梦的人，送给每一个还渴望着星辰大海的人，送给每一个为了守护心中所爱勇往直前的人。

如果没能大器晚成，我也想要你快乐。

2021 年 5 月于上海

人生那么长，

那些一城一池的得失和你真正想去的远方相比，

实在算不了什么。

目　录

contents

落寞失意的时候，请告诉自己，没关系，

至少我们还在路上，

还在努力抵抗平庸的重力。

你租的房子，
就是你选的生活方式

01

在北京、上海、深圳这样的一线城市打拼，你租的房子，就是你给自己选的生活方式，更从某种程度上决定了你的状态和磁场。

蝉鸣最欢腾、阳光最炙热的盛夏，瑞奇辞了职，从虹口足球场附近的一家游戏公司跳槽到了某个专注内容领域的互联网公司做运营工作。

新公司地处繁华的陕西南路商圈，商场林立，分布着很多网红咖啡厅和餐厅，周边生态很不错。

她先前租的房子在杨浦，入职新公司后，每天光通勤就要花掉将近 3 小时，早高峰的 8 号线和 1 号线挤到“爆炸”，每天出门都

要掐着点，要是换乘的时间没算准，准会迟到，被扣钱。

随便加个班，回到家里都要夜里十一点多了。

一个月下来，疲惫不堪，下班后脑子一片混沌，到家后动也不想动，只想瘫在床上玩手机，都没精力搞休闲娱乐，更别提自学英语、健身塑形之类的自我提升了。

必须搬家！

为了省中介费，她决心自己找，连续几个周末泡在各类找房软件里，总算锁定了两个较为靠谱的目标房源，约了房东，看了房子，一切似乎很顺利。

可看了一圈房子后，她又进入了新一轮的纠结。

第一个房源，在徐汇，离陕西南路只有几站路，12 号线直达，上班单程时间差不多 30 分钟，很近很方便，上班不累，而且卧室朝南，光线还不错，只是老小区没电梯要爬六层楼，配套设施和物业服务相对差一些。另一个房源，在中潭路附近，到新公司要换乘，小区离地铁站还有段距离，上班单程要 50 分钟，可小区很新，卧室朝南，还有个大飘窗。

两个房源价格都差不多，3000 块到 3600 块之间。

考虑上班近的话，肯定第一个房子更合适，通勤很轻松，不会把时间浪费在路上，下班后还能有时间和精力做个饭、学英语背单词方便以后晋升、跳槽什么的。可从房型来看，她又更喜欢后者，买个小床桌搭配一条白色的地毯铺在飘窗上，再养一些喜阳的多肉，周末坐在飘窗上发发呆，看看书，想想就很棒。可租了第二个房子，上班还是远，这又违背了她搬家的初衷。

一个近，一个远。一个旧，一个新。想来想去，难以抉择。

02

很多时候人们做不了决定，不是因为贪多求全，是压根儿没抓住不同选择的本质。

当你要做一个重要的决定，排除掉所有干扰选项，只剩下 A 和 B 两种选择的时候，别去想你到底选 A 还是选 B，要想——失去了哪一个，让你更难受，更难以接受。

拥有和失去，触发的是两种完全不同的心理体验。

在我看来，这两个房源的根本差别，不是远近、新旧、有没有飘窗，而是一个有利于时间管理，另一个方便搞生活情趣。那么，瑞奇只要想清楚，就眼下而言，时间管理和生活情趣哪个是她更大的痛点，她究竟是要上班路途更轻松，还是休息日的时间更惬意，就不难做出选择了。

我帮她做了分析后，瑞奇果断选了第一个房源。

职场是一个全新的赛道，工作前五年，下班后的 2 小时怎么用，很大程度上决定了一个人未来的收入水平、生活品质，甚至是人生轨迹。这是她工作的第二年，也是她的第二份工作，她迫切地需要利用好“下班后的时间”，学习一切跟她职业发展规划相关的技能，先有沉淀，方能厚积薄发。

至于生活情趣，晚点搞也无妨，再说了，心灵手巧的花匠，在哪里都能种出一片繁茂的花园，没有飘窗，卧室里也能放花架养花养草，靠床边的地板上铺一张地毯，躺在上面，照样很惬意。

关键在于你对现有生活进行二次创作的主观意愿是否足够强烈，行动给不给力。

03

买房在国内外都是件大事，不光因为房子是不动产，买来以后能住、能投资，更因为买的不光是房子，更是这个房子的附加值，是它的地段、周边配套设施、邻里关系、阶层划分，等等。

耶鲁人类学博士温妮斯蒂·马丁在《我是个妈妈，我需要铂金包》一书中曾提及，她狠心卖掉了独门独户、前后有私家花园和车库的联排别墅，搬进了上东区的小公寓，只为了跻身曼哈顿的上流社会，给孩子创造最优越的教育条件，铺平成长道路。

但轮到租房，很多人并没有做太多的深思熟虑。

很多人认为房子是租来的，说白了不过是个短暂停留、吃饭、睡觉的地方，却没想明白，租了什么样的房子，就选了什么样的生活方式，租房也得考量房子的“附加价值”和“潜在风险”，影响房屋入住体验的，除了房子本身的状况，还有一起合租的人。

糯米刚毕业那会儿就因为没想通这点，吃了不少苦头。

为了省钱，她随便找了个嘉定的便宜房子，跟人合租，入住前也没打听过合租对象的状况。

合租的房子是两室一厅，她选的次卧，隔壁主卧住着一家三口，平摊下来每个月房租 1500 块左右，在上海这个寸土寸金房租水涨船高的地方，算是性价比很高了。

一个人在上海工作，吃、住都是硬成本。房租不高，自己再做饭带饭，主要的生活成本就降下去了，这样，每月几千块的月薪就不那么拮据了。

但生活并没有按照她设想的剧本演绎。

隔壁一家三口，表面住主卧，实际上占据了合租房子 80% 的空间。

客厅的大壁橱、厨房和冰箱，都被他们塞得满满当当的，阳台上也常年晒着他们一家三口的衣服，她也搞不懂，为什么他们有那么多衣服可以洗。每次她想放点东西，做个饭，或是往冰箱里塞点水果、蔬菜，要么得“局部搬家”腾出点空间来，要么就得硬塞。

更可怕的是隔壁一家的卫生习惯还不好，尤其是卫生间，大多数时候是她在做定期清洁。

糯米鼓足了勇气跟隔壁沟通了几次，他们的态度起初还行，每次都会答应以后注意，可每次不出一周，又在房子里恢复开疆拓土、四处占领、乱扔乱堆的架势。说的次数多了，隔壁的态度也随之变差，嫌糯米事儿多、矫情。

很多事，真不是谁有理谁占上风，而是谁脸皮厚谁有理。

瞧他们的气势，好像那房子本来就是他们一家三口的，糯米只是个寄居在他们家的人，完全不用考虑她的生存空间问题。

几经折腾，糯米不仅放弃了做饭的念头，连客厅也很少出入了，每天下班后就把自己关在卧室里，尽量避免跟隔壁打照面，周末能出去就出去。

这样一来，矛盾是避免了，可她的心情每天都很丧，像一条缺氧的鱼，无力争游。

9个月后，不堪忍受的糯米搬出去了，找了一个离市中心更近、也更贵的地方住，当然，最重要的是，新室友是比她大两岁的白领，都是年轻人，都是怀揣理想来上海打拼的人，很好沟通。

这一次为了避免历史重演，她刚搬进新家就跟室友制定了一个简约版的《合租公约》，包含了水电费均摊、公用物品集体采购、公共区域定期轮流清洁等常规事项。

之后合租的一年零八个月里，她们相处得一直很愉快，还成了相互扶持的好朋友。

当然，为了换好房子，她后来又跳槽换了一份工资更高的工作。

04

瑞奇跟糯米都是为了更便利地工作和生活先后换了房子，咪卡跟她们略有不同。

她是为了满足小资情调、保持好心情和更优质的社交关系才搬的家。

辞职之前，咪卡是个住浦东赤手空拳在陆家嘴打拼的金融人士，自由职业之后，变身为自由撰稿人兼 Airbnb（爱彼迎）房东。

按照咪卡原本的计划，自由职业收入不稳定，应该控制生活成本、减少开支、换更便宜地段的房子，但最后她却反其道而行，在富人聚居的静安寺附近整租了一套两室一厅一卫的复式。

她的灵感和决心来源于跟好朋友苏沫的聊天。

苏沫住在梧桐掩映、颇有文艺气质的愚园路上。她觉得既然双脚已经踩在这片繁华的土地上，为什么不干脆一头扎进这片繁华里，看看它究竟有何不同？就算以后落魄离开，也算见识过了。

在这里，每年都有人兴奋地来有人落寞地走，很多人直到离开了上海都没有见过真正的上海，没见过上海的繁华、羞赧与恣睢，更不知道这座纸醉金迷的城市里潜伏着多少种万花筒般的人生，岂不可惜？

在一线城市待着，只要有条件，就没必要委屈自己一直住偏远地段和郊区，至少要在城市的心脏地段住一段时间，好好地享用一线的繁华与便利。不然的话，就好像去了纽约，却没逛过时代广场，没游览过大都会博物馆，没坐在中央公园里喝咖啡晒太阳；去了巴黎，却没看过埃菲尔铁塔，没参观过卢浮宫，没在塞纳河畔散过步；去了北海道，却不泡温泉不吃新鲜打捞的海鲜。多浪费啊！

租繁华地段的房子，能收获更一流的视野，也能收获一个更优质的朋友圈，当有故事的人就住在你隔壁，当故事就发生在你身边的时候，你还怕写不出好故事吗？

那次深聊过后，咪卡决定当一个优雅的沪漂体验者。

当然，静安寺附近的房子真心贵，咪卡整租了有情调的复式之后，便做起了 Airbnb 的房东，开始了以租养租的二房东生活，几个月后，运营稳定，每月扣除整租的租金后还能小小地赚一笔钱。

加上房子的地段好，找过来的大多是些追求情调的小情侣和想探索老上海的过路旅人，咪卡的素材库再也没缺过素材，每遇见一个新的房客，就像在拆一个新盲盒，打开了一种新的人生。

房子给中国人安全感，有经济实力买房固然好，暂时买不起租房住也没什么，但即使是租房，你的人生也不应该打折，不该有太多的委屈与将就，等下一次租房子，记得先想好你要什么样的生活方式。

旅行的意义：
从一个鱼缸游到另一个鱼缸

01

韩国是2019年旅行的第一站，两个人，六天五夜，去了首尔和釜山。

我跟小花住在了明洞附近的酒店，地理位置优越，游玩方便，周边配套也很好。

住在明洞附近，无论是去景福宫、首尔塔和弘益大学这样的常规景点打卡，还是去仁寺洞、东大门、清潭洞等地方购物，距离都不算远，乘地铁、打车都很方便。

02

明洞其实说白了就是一条韩国年轻人和外国游客都很喜欢逛的商业街。

店多，价廉物美与否要具体看你买的是什么品类。

从略微有点窄的巷口走进去，两边是林林总总的店铺，目光所及，除了卖杂物、旅行纪念品的小摊和各种小吃摊，就是运动品牌和护肤品店的天下了。一些大的运动品牌都比国内（以上海的物价为参照标准）便宜五十到一两百元不等，每家鞋店都挤满了年轻人，我们在买鞋子的时候，还遇到了讲中文的主播在店里一边直播，一边卖鞋。

然而，真正引起我的注意的是，明洞街头卖衣服和包包的小摊上，有超级多的假大牌。在我看来，一个品牌的出镜率高，是营销的成功也是流行的体现，但从长远来看却是品牌价值感的损耗。

再联想到韩国年轻人当中普遍存在的信用卡透支现状，甚至有人连买冰箱或电饭煲，都会选择用信用卡分期支付。

这些琳琅满目的假大牌，是为了韩国国内那些追捧潮流、经济却不堪重负的年轻人准备的？还是为每逢节假日蜂拥前去扫货的中国游客准备的？

景福宫又称“北阙”，始建于1395年，是朝鲜半岛历史上最后一个统一王朝——朝鲜王朝（李氏朝鲜）的正宫。

据说，它的宫名出自《诗经》——“君子万年，介尔景福”的“景福”二字。

众多游客，慕名而来。

我们去的那天，日本和中国游客最多，当然也不乏韩国本土游客和一些欧美游客。

景福宫不大，不论规模、建筑特色还是历史沉淀，都无法与恢宏大气的北京故宫相提并论，但在细节中仍可窥其在封建时代的辉煌与森严等级，譬如勤政殿前有两排一尺多高的“品阶石”，官阶从正一品至正九品；譬如墙高院深，几处一景。

当然，景福宫最大的游览特色是穿韩服可免费入内游览。

在那里你能看到各种肤色、身材的人穿着韩服，兴冲冲地游览、拍照。

当我头上插着做工考究的珠花，穿着忧郁粉蓝与温柔鹅黄色相间的精致韩服，在景福宫内慢步细走时，不由得想起一句台词：不爱宫墙柳，只被前缘误。

此刻，我仿佛成了一个命运被皇权主宰、毫无反击之力的卑微小宫女。

弘益大学，是韩国的一所综合性大学，它的美术和设计专业最出名。

漫步校园中，你能看到许多艺术类活动的宣传海报。弘益大学周边服装店、餐厅、咖啡厅、奶茶店、酒吧、文创店等林林总总，颇像一个自由、随性、生活设施一应俱全的小镇。

弘益大学附近还开有很多制服换装体验店，女孩子应该会很喜欢。

这里想特别提一下首尔塔，如果到了首尔，一定要去看首尔塔的夜景。

你可以选择从山下坐缆车，以神仙的速度“biu biu biu”地飞到首尔塔底下。

然而，真正特别的体验不是一键快进首尔塔的夜景，而是你一级一级台阶慢慢爬上去，看着首尔满城的灯火辉煌在自己身后慢慢变小、变远、变成光点和流光弧线的过程。

03

首尔的行程结束后，紧接着就是釜山。

从首尔到釜山，有两种交通方式可供选择，乘飞机或坐 KTX（类似于中国的高铁）。我和小花都想体验一把韩国的高铁，果断从首尔站买了两张 KTX 的票，约两个半小时就到了釜山。跟国内不同，韩国的 KTX 是没有检票环节的，人工或机器检票都没有，候车厅里的电子屏幕上有提示，到了检票时间后，大家自觉前往对应的检票口上车。

可能是错开了节假日高峰人流的缘故，我们所在的那节车厢，人特别少，非常安静。

安静到你可以舒心地睡一觉，这点我特别喜欢。

随着列车行进，车窗外的风景一点点倒退，时间像有意留出了一段宁静的缝隙一般，供人思考。

望着窗外时而模糊，时而清晰的风景，我的大脑里有个问题盘旋着：

旅行的意义，究竟是什么呢？

是抵达未曾去过的远方，去欣赏不曾见过的风景，去邂逅不曾有过交集的人，去倾听不曾听过的故事，还是去品尝不曾吃过的新鲜食物？

是，却又都不是。

这样的答案，很泛滥，不够独特，更不够精准。

04

在首尔你能逛街、吃东西、喝咖啡，在网红景点疯狂拍照打卡，在购物中心暴走狂买，拿着手机，拎着印满商标的购物袋，在人流与车流里穿梭，在璀璨的夜景里变成一个斑驳的光点，过着与在任何一个繁华的现代大都市都差不离的生活。

但釜山不同，釜山行比我预期的更好一点。

如果这场四月的旅行是一部微电影，那在釜山，所有的旅行片段都一下子变成了慢镜头。

在海云台海水浴场，脱了鞋袜，把脚丫埋进金色的沙子里，又或是把脚伸进海水里，试探海水的清凉，也可以随便找个地方，安静地坐着，闲望远处的灯塔，打量近处翻滚的浪花。

又或是沿着迎月路，漫无目的地走走停停、吹吹风。看樱花缓缓飘落，捉一缕红颜舒展，任由海风亲吻，随它演绎温柔，把所有的烦恼都一把丢进风里。

管他呢。天大地大，开心最大。

天黑以后，还能邂逅个性迥异的街头艺人。

有青涩腼腆的小帅哥，抱着吉他站在沙滩上用韩语和英文唱情歌；有一身黑衣把全身涂满惨白颜料的行为艺术家，站在那里纹丝不动，只有当你把钱放进他们面前的小布袋里时，他们才会向你示意感谢；也有脸上写着“力量”二字有着八块腹肌的玩火球高手，火球像是长在他手心里一样，旋转，跳跃，可要是没等他热身好、讲完下一场的开场白之前，你就提前打赏了，他定会笑着走过去，拦你一把。

05

韩国的夜很长，年轻人普遍睡得很晚，在釜山这样的度假城市，夜色就更加绵长了。

明明已是夜里十二点多了，却跟普通城市的晚上七八点一样热闹。

酒店前的商业街上还到处是人，去便利店买点饮料和零食要排队，烤肉店里浮着一层薄薄的雾气，诱人的肉香飘出来，酒吧里有人像水蛇一样灵活地舞动着腰肢，有人散漫地靠在椅子上抽阿拉伯水烟，湮没在闹腾的音乐和酒精联合制造的纸醉金迷里，有人拿着罐装啤酒站在路边眉飞色舞，有饭后散步的中国情侣从你身旁路过，还有金色短发蓝色瞳孔的外国小哥一边走路一边摇头晃脑地唱着 Rap（说唱）……

走在这幅长长的卷轴画里，我忽然想通了：

旅行的意义，是从一个鱼缸游到另一个鱼缸，在不同的水质里呼吸，体验，修复体察事物的能力，最后再回到自己原本的鱼缸的过程。当我们用慢镜头观察世界，放慢思维的脚步，玩味过程与细节的时候，这个包藏着荒芜与残酷的世界会立刻变得有意思起来。

阿兰·德波顿在深入剖析马塞尔·普鲁斯特生平及其作品《追忆逝水年华》时曾提到，“我们只对新鲜事儿感兴趣，只有突然闯入我们意识，令我们大吃一惊的陡然变调才会令我们动容。一旦习惯取代了新奇，我们便掉头不顾”。

是啊，我们就是这样的人类。本能地认为习惯了的都只是寻常。

我们所长期生活的城市就像是一个鱼缸，短期旅行的目的地像是另外一个鱼缸。

只有当我们离开了自己的鱼缸，游到一个全新的鱼缸里的时候，我们的意识上附着的那个叫作“敏锐”的触角才会开始四处体察，我们感受外界事物刺激的感官才会变得更加犀利，我们才会知道，原来这个鱼缸里的水是这个味道，跟我原来的鱼缸不一样，原来这个鱼缸里的鱼是这样生活的，跟我们也不一样。

在泰国一般接东西最好是用右手，小朋友的头是不能随便碰的，小费是不可以给硬币的；日本的街头很少能看到垃圾桶，公共场所和酒店的马桶基本上都是喷水的，水果价格贵得惊人；韩国人每顿饭都有泡菜，泡菜像是他们的主菜一样，本土牛肉比进口的美国牛肉更贵也更好吃，白领普遍穿笔挺的成套的西装，韩国人巨爱喝咖啡，首尔的热闹街区里，十步一个咖啡厅；我国台湾的牛肉泡面里真的能捞出来大块牛肉的，香港的深夜没有想象中那么安全，尤其尖沙咀一带……

但你却不一定能注意到，日日上班途经的路上，种着几棵盘根错节的合欢树，经常一起吃饭的朋友其实是个左撇子，楼上邻居家小孩弹得磕磕巴巴让你烦躁不安的曲子其实是《野蜂飞舞》。

只有当你离开了自己习惯的环境，你才会随时保持观察，随时接收新的信息。

太过熟悉的人和事，像消了磁性的磁石，无法吸引你的注意。

旅行，能帮我们修复体察事物的能力，帮助我们去继续热爱这个世界。

我想，这就是关于旅行的意义最好的一个答案。

离开了朋友圈，你的人生还精彩吗

01

移动互联网时代，朋友圈的内容会影响他人对你的“初次印象判断”，但真正拥有缤纷多彩人生的人，不需要靠苦心经营朋友圈为自己加分。

没有夯实的现实打底，朋友圈塑造得再精彩，也不过是一些虚幻的数据，成不了气候。公益达人、心理学大师、中科院院士、上市公司老板等，就算不会玩朋友圈，朋友圈0状态，身价也照样摆在那里。

周末，我跟小花约了在陕西南路附近的一家网红咖啡厅喝下午茶。

咖啡厅安静地躺在一幢临街的西式小洋房里，一共有三层，一楼面积狭长，除却柜台和点餐台，只剩下两三个被绿植包围的景观位，大部分客人会自然地拾阶而上，选择二楼或三楼的空间。

装修走的法式小清新路线，纯白和薄荷绿相间的墙面，间或分布着四四方方涂着光洁白漆的窗户，卷帘像窗户的睫毛一样，高高低低，各有风情，窗台上摆着复古台灯或是装在玻璃瓶里的水养绿植，质地颇好的厚织白蕾丝十分规整地铺在桌子上，小圆桌靠着窗，小方桌则分布在靠墙和中央的位置，几乎每张桌上都放有田园风的柳编筐、精致的印花纸巾、棉绳扎好的餐具、装满了咖啡豆的玻璃瓶和胡椒瓶等。

处处透露出小资和精致。加之丝毫不吝啬的新鲜花卉茂盛生长，让人仿佛置身花园。

确实是个午后消磨时光的好地方。

我们选了靠窗的位置，只为了看一会儿窗外的梧桐掩映，静静地发会儿呆。

斜对面一桌，是三位穿搭讲究、精心化了妆的女生。

她们点了店里的招牌全餐：牛油果焗蛋、奶盖海绵蛋糕、柠檬挞，两杯软饮和一杯咖啡。等餐上齐了，也不急着吃，毕竟按照朋友圈惯例——相机先食。

她们坐在那儿，认真地拍照、修图，不满意，删掉了又重新拍，还时不时地交流意见。

一个女生说："你这张不错，发给我，我要发朋友圈。"另外两个人，一个要求把她的黑眼圈修掉，眼睛修得大一点儿，另一个则再三强调把她修得瘦一点儿。

没等二次加工结束，要求把黑眼圈修掉的女生耐不住性子发话了："要不然，我们不发合照了，还是各发各的自拍吧。"

"好的啊！"另外两个人异口同声，如释重负。

女生爱美是天性使然，想趁着年华正盛多拍点美美的照片也无可厚非。

只是，当她们如此费心地用照片记录生活的时候，这个下午最美好的宁静已经从指尖溜走了。她们错过了窗外打招呼的风，没能看到绿萝的娇艳欲滴，没能闻到薄荷的淡淡清香，更没能好好地吃点东西、说会儿话、聊会儿天。

又想起，去韩国旅行在首尔塔那边遇到一群人，排队等着坐缆车下山的时候，有个女生说了句："其实女生到哪玩都一样，最重要的是能拍到好看的照片，拍很多自拍。"

她一说完，队列里的女生都大笑起来，纷纷表示赞同。

我也笑了，好像真是这样，原来大家都一样。

于是，当我们坐上最后一班下山的缆车，将首尔的繁华夜景尽收眼底时，我的前后左右挤满了举着手机疯狂自拍或拍照的人，我望了一眼，没有一个人真的在看风景。

意识到这点后，我忽然有种浓烈的厌倦。

胡乱拍了几张夜景，便把手机塞到包里，静静地欣赏窗外的风景。

两天玩下来，除了随处可见装修讲究的咖啡厅，街上遇到的所有白领都穿着剪裁合身、时髦又得体的西装，首尔并未带给我太大的惊喜，但在缆车里的短短几分钟夜景能抵消掉首尔之行所有的平平无奇——首尔像坐落在流动的火山熔岩之上，每个光点都有着难以抵抗的炙热，又像是被无数条火龙缠绕着，璀璨、耀眼、迷人，随着缆车的运动，那些火龙似乎在高低错落的建筑物中游起来了。

如果那时我的眼睛还被手机或相机绑架着，我一定看不到那样的景致。

02

自从朋友圈社交盛行和美图软件泛滥，女生的周末聚会和旅行，变成了穿上漂亮的衣服、化个美美的妆、找个地方拍照、发朋友圈，至于当天吃了什么、玩了什么、过程如何、有无惊喜都是次要的。

最重要的是“我今天有多美，待会儿有多少人点赞，喜欢的男孩子有没有注意到”。

不论去哪里，一定要留下几张好看的照片，才算甘心。发朋友圈的照片，一定是精挑细选、用美图软件精心修过的，搭配的文字也必须是精心构思过的，能够与图片完美契合的、符合自身气质和格调的。

只是一条简单的朋友圈而已，却每次都整得像在给客户做提案一样。

有趣的是，我们的客户不是别人，是朋友圈的每一个好友。

我们想引起他们的注意，想得到每个人的赞美。

不论干什么，发朋友圈才是最高优先级，似乎生活中所有的精彩都浓缩在了朋友圈的照片与文字里，否则便无法证明那些精彩真实存在过。

但我们的世界真的如朋友圈里修饰的那般吗？离开了朋友圈我们的生活还精彩吗？

国内的小长假都有个别名——朋友圈摄影大赛。

所有的比赛，都能勾起大家的好胜心，摄影大赛也不例外。但有了好胜心以后，很多东西就不纯粹了。

小小鱼刚才就发了一条九宫格朋友圈，每一张照片都精致得宛若写真大片，配以文案：“千万不要来拜县哦，我怕你来了以后舍不得走呀。”照片上的小小鱼一副很开心、很满足的样子。

拜县是清迈下面的一个网红景点，不论翻大众点评、马蜂窝找攻略，还是刷小红书看别人的旅行笔记，总能看到别人的热心推荐和一大波小清新风的美照。

你很容易被那些精心修饰的图片和文案骗过去，我就被骗到了，到了清迈后报了去拜县的团。

可是，当我早上五六点钟爬起来，撑着蒙眬睡眼跟大部队集合，坐了三四个小时面包车，在山路里转了 700 多个弯之后，等待我的就只是一个小坡桥、人工痕迹明显的草莓园、只能看不能逛的黄色小屋和排着冗长队列等拍照的大树秋千。

我在拜县能邂逅的最大的惊喜仅仅是一杯好喝的草莓奶昔，拍照是在那里唯一的消遣。

一切都是那么乏善可陈。

塞纳河畔的法式餐厅里，依琳在鲜花、烛光、法式鹅肝和红酒的包围下，露出了沉醉又美艳的笑容。那家餐厅远近闻名，消费不低，但服务员不经意流露出的傲慢跟消费水平并不匹配。

纠结了许久文字后，她用一句“这就是生活”，搭配餐厅环境照和美颜自拍，发了朋友圈，假装浪漫。

瓦尔登湖离开了文学滤镜，只是个很小很普通的湖。但不愿承认白跑一趟的程一，还是配了摘抄的句子，发了朋友圈。

情人节发了美美的自拍照，秀了一大束玫瑰花和情侣表的利娜，十分钟前刚跟男友大吵了一架。

对真实生活里的一地鸡毛有所保留，从某种意义上来说，是一种隐私保全和理性的优雅。

但绝大多数情况下，我们在朋友圈里对生活的各种“费心修饰”，不过是出于虚荣罢了。

03

从表面上看，我们长大了，工作了，经济独立事业有成了，但本质上，我们还是那个为了吸引更多注意力而故意哭闹的婴儿，还是独立人格上的矮子。

身体里住着的贪心怪兽还坚如磐石地霸占着空间，游走肆虐，贪图他人的艳羡与吹捧。

如果你仔细观察，你会发现，每个人都贪慕虚荣、爱炫耀，只是大家炫耀的东西不同罢了。

有人炫耀事业有成，有人炫耀自律与腹肌，有人炫耀博闻强识，有人炫耀家庭和睦，低级一点的用扬扬自得的语气，高级一点的举重若轻，但都未偏离本质。

这样的过度修饰，是对人生的一种消耗，因为我们把生活的幸福指数过度地建立在他人的评价体系上了，而忽视了内心真实的体验，忽视了更多地去享受每个稍纵即逝的瞬间。

也有例外，也有不爱发朋友圈，不爱修图，不爱过度修饰，保留本色的人。

姬小姐去澳大利亚玩了半个多月，飞机落地后她发了一条朋友圈，然后便消失了。

你私聊她，问她玩得开心吗，怎么没发朋友圈啊。她回你一句："啊啊啊，我太忙了，每天都很好玩啊，没有时间发朋友圈。发不发都一样啊。"

陈橙去过很多地方，但她不会在每个地方模式化地打卡自拍，也很少发朋友圈。

每去一个地方，她都会全身心地放松，把自己的灵魂抽离出来，装入旅行所在地的容器里，像个当地人一样，吃吃、喝喝、发呆、闲逛，虽然她总是背着单反，但她只会在遇到特别的风光与民俗景致时，按下快门，记录属于瞬间的永恒，而不是咔嚓咔嚓地快门按个不停。

也绝不存在，你问她一个景点好不好玩，她重复一遍名字之后就脑子空白、哑口无言的状况，尽情游览、用心观察的她，总能为你提供一个新的参考角度。

有些人去过很多地方，除了朋友圈的照片，什么都没能带走，而她，把所有的美好都盛在心里了。

我更欣赏这样的生活方式。

发不发朋友圈，发多少条朋友圈，都是个人自由。

喜欢被人欣赏、被人关注也没什么错，只是，别让自己过于沉溺，比起虚假的美好，紧紧抓住真实的精彩、瞬间即逝的美丽，才更重要，不是吗?

不信，你看：阿拉斯加的鳕鱼正跃出湖面，阿尔卑斯山上的积雪在对你眨眼，阿里山的云海又换了新姿势。

若是沉迷地盯着手机屏幕，错过的好风景只怕越来越多。

你发脾气的样子真的很丑

01

那时候我还在杨浦区跟人合租。

有一天，写了一整天的文案，下班后整个人都处在晕晕乎乎的状态，站在人挤人的地铁车厢里，脑子里只回荡着一个声音，到家后得赶紧洗澡睡觉。

进小区，上楼，开门……进门后迫不及待地把门一关，脱下了职业装和高跟鞋。

准备洗澡后换洗衣服的我打算去浴室洗澡，谁知右手刚一碰到卧室门把手，就听见有东西掉在门外的地板上，发出刺耳的撞击声。我根据经验推测，是卧室门外侧的门把手掉了，内侧只剩下一小截圆柱体，根本拧不动，无论我怎么用力都打不开门。

晚上九点多，卧室门锁坏了，我一个人被困在卧室里出不去了。

这种状态下，我想走出房间，就只有两种方法：一是立刻联系维修工人来修锁；二是从飘窗爬到隔壁室友房间的阳台上。

卧室的门把手上周就有些松动了，我特地预约了经常上门来维修的工人张师傅，可到了预约的当天，我临时加班，就让室友帮忙盯着。

下班后，到家一开门，发现门把手还是松动的，我当时就纳闷，估计室友压根儿没注意，张师傅就随便糊弄着修了一下，根本没认真修，这下好了，门锁彻底坏了。

一想到这里，我的火气噌噌地冒上来了。着急出卧室的我，压着对张师傅的不满，温声细语地给他打了电话，简单地说明了情况，麻烦他上门来修一下。

可他接电话的语气特别不耐烦，一直说太晚了，明天再说。电话那头有些嘈杂的声音传来，像是在牌桌上。

我说，我知道这么晚打扰您很不好意思，但是我现在被困在房间里出不去，很着急，能否麻烦您帮个忙，谢谢您了。

我的一再请求，并没能让他松口。

我被逼得没有办法，只能委婉地提了一句："上周你过来，修的时候可能没修好，我晚上开门门把手还是松的，所以这次能不能麻烦您帮帮忙，一次性弄好，以后就不用麻烦您了。"

不提这茬还好，一提，电话那头的张师傅火气更大了，扯着嗓子骂了一堆脏话，意思就是我诬赖他了，他修了而且修好了之类的……骂完了，啪地挂了电话。

我真的是又生气又委屈。

明明是他消极怠工，导致我现在被困在卧室里面出不去，他还理直气壮地骂人。

02

我之前有过几次被反锁在房间里出不去的经历，所以特别害怕一个人被关在密闭的空间里。虽然没到幽闭恐惧症的地步，但是密闭无法脱困的空间，会让我整个人都处在一个神经高度紧张的状态里。

有好几个瞬间，我想从自己卧室的飘窗爬到隔壁室友房间的阳台上，进到室友的卧室里，那一切就都好办了。

可我住在四楼，晚上外面又是漆黑一片，一不小心脚踩空了，就会摔下去……

封闭的空间里，蹲着一个又气又怕的我。

我被张师傅的恶劣态度气到了，一抬手把化妆包打到了地上，里面的粉饼、眼线笔、面霜等以一种无比丑陋的姿态摔到了地板上。

我一个人蹲在卧室里，双手抱臂，脑子里嗡嗡地响……抬头看了一眼镜子。

那个时候，镜子里的我，很丑很丑。

头发凌乱，眼睛红红的，脸上挂着半干的泪痕，五官扭曲，整个脸像是一张皱巴巴的纸。

意识到那一刻姿态丑陋的我，开始降低火气，冷静下来思考。

一、张师傅在打牌，被打扰，心情不好可以理解；二、我认为他之前没修好门，是我下班后根据门把手松动的个人判断，也许在他看来，当时确实是修好了，而我没有根据地冤枉他，他确实有理由认为我在污蔑；三、在我提及这一点后，张师傅变得更加生气，大概是因为怕我跟他们公司提上次门没修好的事情，这样的话，月底结款时他就拿不到钱了。

简言之，我选择了在错误的时间里，用了不切实的依据去证明自己的观点。而我之所以没能在一开始就冷静分析，采取最有效的方法解决问题，是因为我从被困在房间里的那一刻起就动了气，怒火吞噬了我的理智，导致自己更加被动。

酝酿了许久，我又拿起手机，硬着头皮给张师傅打电话，在电话里好言好语拜托了他半天，他才终于松动了，说能来修，但是我得等，而且要加钱。

我说行，只要您能来修就行，挂电话前还一连说了 N 次谢谢。

大约四十分钟后，他带着工具箱上门了，五分钟后门开了。客厅里明晃晃的灯光照在我脸上的一瞬间，我嗅到了自由和解脱的味道。

他到了以后，当着我的面，重新修了门锁，把卧室门内外的门把手都拧紧了，根据我当时试着开关门的手感和松紧度，我可以百分之百断定，之前的一次，门锁确实是没有修好。我最初的判断是对的，可这样的正确判断，并不能帮我解决那时最迫切需要解决的问题。

虽然，我的本意是想提醒他，我被困在房间里，他是负有责任的，希望他能体谅我的难处，但是到了他那边，他很自然地会把我的话理解成这是一种威胁，直接威胁到他的经济利益。我突然上扬的声音和不够友好的语气，一下子把我跟他摆在了更加对立的位置上，以至于让自己陷于更大的被动。

如果从被困在房间里的那一刻起，我就收起脾气，冷静下来思考最好的解决方法，我就根本不会提他之前没修好门锁的事情，而是直接拜托他，不行的话就加钱，按照符合张师傅预期的方式去沟通，再不行，就去上网搜离我家最近的开锁师傅的联系电话。

总之，冷静和理智能让我找到 N 种解决问题的方法。但发脾气解决不了任何问题，只会让事情越来越糟糕。

大部分人生活中的烦恼都来源于该动手解决问题的时候，非要用力发泄情绪。

张师傅的为人，他自己心里有数，我也有数。

但是生活中没有人能决定自己会遇到什么样的人，通情达理也好，蛮不讲理也罢，在你没遇到他们之前，你根本没办法控制结果。所以，即使遇到了不讲理的人，也要试着往好的方向引导，要知道，发脾气第一个受到伤害的往往是我们自己。

就好像你在餐厅里吃饭，菜里面发现了几只虫子，你要做的是第一时间把服务员叫过来，语气平和地陈述客观事实，请求对方帮忙解决问题，而不是立刻在餐厅里对着服务员大发脾气。

03

负责我们那片儿小区的一个快递员，对客户态度一直很傲娇，平时送快递都是看心情，心情好就帮你送上楼，心情不好就把电动车在楼下一停，打电话让住户自己下楼拿。

某天有我的一个快递，他破天荒地送上了楼。

因为是工作日，我人在公司，家里又没有人，肯定没办法签收了。

我跟他说，麻烦他把快递放到小区门口的便利店里，我晚上下班了去拿。

他说，去便利店太麻烦了，他把快递放在门口得了。

我说，那万一东西丢了怎么办，这个东西我是很着急用的，丢了会比较麻烦。

他说，丢了他赔。

他都这样承诺了，我也不好再说什么。

下班后，我在家里防盗门前的走廊上找了半天也不见我的快递。

问了室友，她也说没看到。

她说，这个快递员一直很过分，要不你投诉他吧。

我说，我投诉他很简单啊，可是投诉解决不了问题，我现在只想找到我的快递。

然后，我开始给他打电话。第一个没打通，第二个没人接，第三个终于打通了。这一问，才知道，他后来还是把我的快递放到便利店里了，我说了谢谢后，挂了电话。

举这么两个寻常的例子，只想说明一个简单的道理，遇到事情，吵架的姿势有一百种，但解决问题的方法就只有一个——控制脾气，冷静思考。

每一次，当你遇到不太好的事情，想发脾气时，请默念这几句话：

一、你发脾气的样子很丑。

二、发脾气是无能的表现，解决不了实际问题。

三、发脾气只会让问题变得更糟糕。

四、深呼吸，冷静，才能让你快速找到解决问题的方法。

04

普通人的生活，不会有什么深仇大恨，但一定会经常遇到一些琐碎的糟心事儿，让人对这个世界生气，让人特别想发脾气。

明明是看着绿灯亮才过的马路，却差点被突然从拐角里冲出来的汽车撞到，还要被车主骂几句难听的话。

穿着新买的白色连衣裙，撑着雨伞，心情很好地在人行道上走，却被挨近路边疾驰的汽车溅了一身泥水，赶着去约会的你，又脏又狼狈。

看到别人插队，出于文明和善意出声去提醒，却当即被人骂多管闲事。

因为童年阴影，你很介意自己左边额头上的那条疤痕，身边却总有人有意无意地拿它开玩笑，全然不顾你脸上突然黯淡的神情。

加了几个晚班才完成的报告，却莫名其妙被写上了别人的名字，看着别人在领导的笑意吟吟中，眉飞色舞地讲着报告里的内容，你就只能像个局外人一样，落寞地围观。

……

像这种让人恼怒的小事情有很多，可你无法阻止这些状况的发生，你只能改变自己应对这些状况的态度。当然，你可以生气，可以选择发脾气，但只能满足你一时的痛快，却无法从任何一个维度做出有利于问题解决的改变。

所以，我情愿你在遇到这些不痛快的时候，心放宽，看淡一点儿，一笑了之。

因为，你发脾气的样子很丑，但你笑起来的样子很迷人。

你我都需要，像防空洞一样的小星球

01

成年人的崩溃往往是从小事的累积开始的，不到临界点，永远不知道压塌神经的稻草是哪一根。

有人加完班出地铁后被人尾随，好不容易回到家里又发现马桶堵塞小区停水，立刻崩溃了；有人刚被老板骂过、赶上房东涨房租、男朋友还要跟她分手，顿时觉得全世界她最惨，眼泪汹涌。

这些都与矫情无关，你吃不到冰激凌难受，他吃不上红烧肉也难受，每个人在面对特定遭遇时，产生的小情绪、小委屈都是他人所无法完全理解和体会的。

八千大学毕业后，不顾全家人的反对，一个人从广州跑来上海找工作。

爸妈当机立断切断了她的经济来源，逼着她回去。

从前花钱大手大脚的富家小姐，只好过抠抠搜搜的生活，穷到每天花钱小心翼翼、用 APP 记账、点个外卖都要比价三家也就罢了，连超市大白菜和腊肠的价格起伏都开始关心了。

没钱花的困窘她还能忍，就当把生活当真人秀节目，把拮据当生存挑战了，只是她好不容易才进了一家业内有名的公关公司，又没什么项目经验，还不知道能不能过实习期，公司要不要她。

某奢侈品品牌想把新品发布跟装置艺术展结合起来，几番沟通后，客户对号称“北京商场中的 798”的芳草地还比较满意，时间紧加上其他人又都在项目上，老大临时决定派她去北京勘场。

她很珍惜这次机会，查了很多场地资料，一下班就拎着行李风风火火地赶去机场，却因台风“利奇马”肆虐上海，她的航班被取消而泡汤了。老大跟客户解释后，从正在哈尔滨执行项目的团队里调了一个人去北京，反正后面没她什么事了。

屋漏偏逢连夜雨，正巧赶上女孩子不方便的那几天。

打车太贵，出差没出成她自然也不好意思提报销，忍着肚子疼，拖着行李，换乘，再换乘。

02

那几个月，好像全世界都在跟她作对。

租的房子卫生间漏水，漏到楼下的天花板下小雨，大晚上的一个老大爷气呼呼地冲上楼“哐哐哐”地砸门抗议，她说了一箩筐好话，对方才接受她“今天太晚了明天一大清早一定找人来修”的解决方案。

同事嘴里经常蹦出一些她压根儿没听过的英文公关术语，一群人熬夜加班，她却只配做些毫无技术含量的打杂活，开头脑风暴会议，别人一会儿一个点子，她的智商像全部打了水手结，越想好好表现越想不出什么好点子，她也想站在会议室里指点江山，也想跟客户谈笑风生中就把方案定了、生意拿下了，可她现在还没那个本事。

爸妈根本不能理解她想一个人闯一闯的想法，一个人在上海没什么朋友，连周末干啥都不知道，从大三开始喜欢的学长，前两天在自己的网络账号上晒了跟女友的合照和一对情侣表。

还有……

“啊啊啊啊，烦死了……”没有一件事情顺心的，她委屈得大哭。

犹豫了半天，她给大三实习时遇到的一个姐姐发了条微信。

“姐姐你睡了吗？我想跟你聊会儿天……”

屏幕上加了红底的白色感叹号和一行系统提示触目惊心——

“ZYY 开启了朋友验证，你还不是他（她）朋友。请先发送朋友验证请求，对方验证通过后，才能聊天。”

她像主动伸出脸，给人打了一巴掌，脸火辣辣地烧。

原来成年人的友谊就是过期作废，互不打扰。是她不懂规矩，自作多情了。

可道理归道理，照顾不到委屈。

如果说前面那些让她郁闷的小事都只是铺垫，在这个无比疲惫的台风袭城的晚上，无端被人拉黑，还是被之前关系很好的人拉黑，就是压塌她所有坚强的最后一根稻草。

一向生龙活虎、乐观向上的她，彻底崩溃了。

03

可八千不会知道的是，就在她情绪崩溃的那个晚上，拉黑她的姐姐也正经历着她的崩溃。

加完班回家，家里乱糟糟的，吃完的外卖盒横七竖八地堆在厨房的角落里，垃圾胡乱堆在一起，压根儿没分类，厨房的水台湿漉漉的，水槽里还有几个没洗的杯子和碗。阳台上的窗户也没关好，狂风暴雨咣当咣当地打进来，几双运动鞋都淋了雨，她最心爱的银色水晶亮片高跟鞋也跟着遭殃了。

她看了一眼那双狂风暴雨中落魄的Jimmy Choo鞋子，心头冒火，那还是她婚前特地买来配白色婚纱的。

与此同时，她老公像个潇洒闲人，以“葛优躺”的姿势正在客厅沙发上玩游戏，眼皮都没抬过。

她硬压着火气，钻进了厨房收拾，喊老公去把阳台收拾一下，地板拖一拖，老公应了几声“知道了”就没动静了。

她越想越来气，随手摔碎了两个碗。

“你发什么疯？好好的摔什么碗啊？”

“我不摔碗，我不摔碗，你能动吗？”

“我让你去搞阳台，半天动都不动，101胶水把你屁股粘在沙发上了是吧？你下半身瘫痪、肌肉萎缩了？”吵架气急了口不择言、专挑扎心的刀子捅大概是人类的通病。

“你吃炸药了？一回来就咒我。”

眼瞅着一场世界大战要爆发，她老公张大了准备开火的嘴又识相地闭上了，算了，家里是被他搞得很乱，“哎呀，老婆你别气嘛，我现在马上就去，你别发火啊，我这不游戏刚刚打到关键阶段……”

就知道打游戏打游戏打游戏，两个人都要上班，又不是他一个人赚钱，凭什么家务活要让她一个人做？加完班回来已经很累了，为什么不体谅一下她？

这婚当初还不如不结。

她所在的公司做跨境贸易，今年业绩不好，人力资源已经吹过风了，下半年要精简部门，没精简的部门也要变相减工资，她那份收入少了，两个人还贷款的压力就更大了。

老公心大，不会操那么多心，可男人心大恋爱的时候是乐观，等结了婚过日子还这样就只能说是不负责任了。她不行，她每天要操一万个心，压力大到极致的时候彻夜失眠。

不就洗个碗、分个垃圾、拖个地，至于吗？

这样想的，估计都还年轻，还没被生活敲打过。

随着年龄的增长，人的内心会变得更强大，但同样的，要承担的事情也变多了，成年人的世界没有“容易”二字，不同的年龄段有不同的压力和烦恼，遇到的糟心事多了去了。

负面情绪在身体里堆积，人很容易变成一座活火山，随时爆发。

以前她还能跟朋友吐槽，可之前有次吐槽完，朋友无比冷静地说了句：“你没发现同样的事情你已经吐槽很多遍了吗？你说要离婚都说了多少次了，我不想听了。”

她忽然就清醒了，她想怪朋友不体贴，可她又知道自己没那个资格，是啊，她是大人，大人就该自己照看好自己的情绪，不该一有心理垃圾就往别人那儿倒。人活一世，谁还没几十个烦恼？

犯不着掏心掏肺把伤口扒拉开给人看。

04

隔天，八千算好了时差，给在国外的堂哥发信息。

“笨蛋，这点小事就受不了啦？”

堂哥开了语音安慰她，她才知道堂哥刚到英国留学时遇到的辛酸，原来朋友圈和 ins 上的光鲜都是骗人的，每个人的社交平台都在塑造人设，都在选择性地展示自己。

堂哥刚到英国没多久，就被偷了 1000 多镑，折合成人民币有 8000 多块。他算够小心的了，出门身上从来不敢带太多现金，剩了一半放在行李箱的夹层里，没想到贼更精。报了警，警察到了后简单问了点情况，他怀疑是当时学生公寓的某个室友偷的，可苦于没有证据，不了了之。

怕家里担心，他什么都没说，那阵子经常去超市买打折的吐司和蔬菜，要不就买快过期的罐头，又跟国内的朋友借了点钱，好歹熬过去了。

实在馋中餐馋到不行的时候，就自己做点。

后来，他搬出了宿舍，第一个房东又是个同性恋。他搬进去的第二天就被房东骚扰了，虽然性骚扰在国外是很严重的事情，可他刚到伦敦人生地不熟不想惹麻烦，也没报警，只好重新找住处。

圣诞假期有两个多星期，他用打工存下来的钱去欧洲玩了一圈，在罗马差点被抢包，在巴黎的青年旅舍又被偷了钱跟护照，为了帮两个遇到麻烦的中国女生解围，还差点跟老外干了一架。

总之，就是各种留学生可能遇上的麻烦，他算是都经历了一遍。

“反正生活就是这个样子，不管好事、坏事，来的时候都不会提前跟你打招呼的，遇到好事你就偷着乐，遇到问题就解决问题，千万别钻牛角尖，天天想着我怎么这么倒霉啊，怎么什么事都摊到我身上，什么用都没有。本来人生很多事情就介于说了矫情和不说憋屈之间，关键是说了没啥作用。要是光靠吐槽和诉苦就能解决人生 80% 的烦恼，你哥我，老早是个杰出的说唱歌手了，但我现在只是个胖墩儿。”

八千被堂哥中英夹杂的谐音梗逗笑了。

很久不见，他讲话语速非常快，嘴上跟装了机关枪似的，“突突突突”地就讲完了。

05

被堂哥开导了一圈，八千再跟我聊的时候，整个人已经想开很多了。

我跟她说，我也有很多因小事情绪崩溃的时刻，巨蟹座很容易入戏，我每年的心情起伏大概有八百次吧，每个月的情绪都像重症监护室的心电图那么跌宕，但每次也都能靠自己把乱成一团乱麻的糟烂情绪理清楚，如果非要让我总结心得，无非三点：

一、降低对其他人类的期待

从本质上来说，别人对你的情绪和感受是不需要负责任的，愿意时时刻刻照顾其他人情绪的基本上都是天使、圣人，你不能把别人的宽容和共情当成常态预期。

跨专业就业很普遍也很正常，缺失的知识和技能需要自己补齐。

被实习公司同事删好友很正常，同事跟朋友本来就是两个概念。没必要纠结原因。很多事情本来就没道理可讲的，硬要顺一个逻辑出来不过是自寻烦恼。

二、学会对自己的生活负责

电影《霸王别姬》里有一句很经典的台词："人这一辈子，得自个儿成全自个儿。"生活没那么好，生活也没那么糟糕，谁不是一边受伤，一边独自坚强？要学会对自己负责，照看好自己。

三、找到适合自己的排遣负面情绪的方式

我们都需要为自己造一个像防空洞一样的小星球，需要一个独立的空间，让思维放松、灵魂舒展，排毒解忧。这个空间可以是虚拟的，也可以是实实在在的，不管外面有多大的风雨，多大的难关，至少在这个小星球上，你是自在的、快乐的，能把所有的烦恼都先放一边，再各个击破。

06

身边有几个英明神武的好朋友，早早造好了自己的小星球。

赛车是阿立的小星球。

静安吴彦祖不是吹的，每当摩托飞出去，所有的不开心都扔到耳边呼啸的风里了。骑上雅马哈，戴上头盔，踩下油门，管什么青龙白虎朱雀玄武，从静安区到杨浦区，他都是街上最靓的仔。

到了摩托车赛季，更是他的狂欢。

黑胶唱片则是 Z 先生的小星球。

他家里私藏了整整一面墙的立体声密纹唱片。他是 20 世纪 80 年代出生的人，随身听、CD、MP3、iPod 的时代他也都经历过了，最终入了黑胶唱机的坑。黑胶是他无法抵御的极致享受，也是他的防空洞、灵感贩卖机，每当项目竞标方案没思路、出问题，每次跟老婆吵架，吵完又哄完老婆自己却憋着一口气的时候，他都会把自己关在书房里听黑胶。

AK 更有意思，发明了“AK 快乐星球组合套餐”：在家装了个星空灯，客厅里搭了顶帐篷，心情不爽了，就打开星空灯，放点白噪音，躺在帐篷里，喝着威士忌，对抗不快乐。

我的小星球比较朴素，它用电影制造了一个结界，用宏大叙事当钢筋混凝土。

我尤其爱看二十世纪八九十年代的港片和一些经典外文电影，窗帘一拉，灯一关，电影一放，立马进入另外一个光影迷离的世界里，个人的小烦恼、小情绪、小挫败在世间百态和复杂的人类情感面前变得渺小，不那么扎我心了。

我知道，当心里堆积了太多情绪垃圾，愿意主动跟别人聊去排遣、释放是好事情，但你揭开的是自我，分享的是秘密，若对方不是发自内心关心你的人，最后也只能是一场“情感错位”的闹剧。

所以，请你为自己造一座防空洞吧。

造一片能自我治愈的天地，这样你就不用在渴望人性的柔软、善良、理解和包容的极度脆弱的时刻，病急乱投医，随便把伤口扒开给人看。

喜欢过的人，入骨有半寸

01

我很喜欢那首《流年》，尤其喜欢那段："有生之年，狭路相逢，终不能幸免，手心忽然长出纠缠的曲线，懂事之前情动以后，长不过一天，留不住，算不出流年。"

流年算不出，但喜欢过的人，入骨有半寸。

每个人都是他个人历史的集合，我们身上或多或少有着过去感情经历的痕迹，它可能是饮食习惯上的细微变化，可能是对某个城市的特殊执念，也可能是一闪而过的念头。

02

苏苏缠了很久，一向对话剧无感的陈飞宇终于答应陪她去看被誉为“爱情圣经”的《恋爱的犀牛》。

“黄昏是我一天中视力最差的时候，一眼望去满街都是美女，高楼和街道也变幻了通常的形状，像在电影里……”当舞台上，穿着挺括白衬衫和黑色阔腿裤的男主角说完第一句台词，苏苏的心脏像被什么重物猛击了一把，他的脸部轮廓和走路姿势很像那个人——她前任。

她有一瞬间的走神，很快又恢复镇定，用裹着淡淡忧郁和幸福的眼神看了一眼身旁的飞宇。

多少人年少时向往“一生一世一双人”这种强调“此生唯一”的爱情，痛失心上人的时候，自暴自弃地想，以后再也不要、再也不要像这样痴狂地去喜欢一个人了。

要把真心埋在千年冰川之下，免受爱情折磨和岁月惊扰。

可人类的心脏啊，远比你我想象中坚强和懂得变通，不管曾经出现过多么喜欢的人，还是会对新的人动情，还是渴望拥抱下一份怦然心动，渴望用爱解皮肤饥渴。

03

忘了说，苏苏真的超级挑食，她挑食到什么程度呢？

被很多人当作至宝的韭菜芹菜菠菜猪肉羊肉鸭血皮蛋胡萝卜和各种菌类，她通通都不吃，鱼类只吃海鱼，不吃淡水鱼。在学校附近下馆子，反复点的菜不超过十种。

大学里，阿志跟苏苏刚开始谈恋爱那个季节，一度怀疑她是喝春雨朝露长大的。

每每在饭桌上大快朵颐，阿志总不忘了讽刺苏苏："某些人啊，仙女的脸凡人的命，无福消受这一大桌子美食，可惜喽。"嘴上这样损，手却不肯歇着，小心翼翼一根又一根地去挑牛肉面和麻辣香锅里的香菜，夹到自己碗里。

如果给苏苏单独列个"点菜避雷清单"，香菜是绝对的第一名。可学校附近好吃的店就那么几家，家家生意好到爆炸，不上错菜就不错了，谁还记得你下单时备注的特殊需求？

好在阿志并不排斥"挑菜工"这个小众工种，不管是香菜还是别的，只要是苏苏不吃的，他都很自然地夹到自己碗里，开开心心地大口吃掉。他也习惯了每次风卷残云地清盘过后，苏苏轻轻地摇着他的手臂说："哎呀，我家的饕餮兽好棒，全都吃完啦。"

只有一样，无论苏苏怎么威逼利诱，阿志都接受无能，那便是位列全世界六大臭名昭著食物之首的榴莲。不管是在上海闲逛，还是出国旅行，无论走到什么地段、遇到美食榜上打几分的店铺，只要菜单上有榴莲味的东西，她一定双眼放光，必点一份。

经常，苏苏一脸满足地吃着榴莲，无比灵活地用小巧舌尖剥开层层浓厚醇香，幸福得像穿着水晶鞋在云端跳舞的仙女，阿志在一旁用力捏着鼻子，用师承“中央戏精学院”的塑料演技表演呕吐。

苏苏则不以为意地犒赏他一个巨大无比的白眼，痛心疾首地说：“哎呀，像榴莲这种气质炸裂又甜美沁心的小妖精，不是每个人都懂得欣赏的。有些人啊，品位太差了！”

“是啊，我品位不差怎么会看上你！”

“你皮又痒了吧？张志杰！”紧接着，一顿胖揍！

苏苏改不了不吃香菜的习惯，阿志也从来不愿意尝试榴莲，但这并不妨碍他们心无旁骛地喜欢。

没人规定，我们只能喜欢跟自己口味一致的人。

04

“这块榴莲芝士我要了。”

“帮我拿一下榴莲芝士。”

两个人的话音几乎同时落下。

苏苏第一次见到小楼，是在一家藏在犄角旮旯的网红店里。当时，她一手抱着阿志的手臂，一手隔着玻璃柜，指着店里的金字招牌——榴梿芝士，双眼放光。

留着西瓜头的店员小哥，看着眼前仅剩的这一块榴梿芝士，面露难色，不知道该给谁。

空气仿佛停滞了一会儿，“要不这样，这块蛋糕我买了，咱们一人一半？”

穿白色T恤戴粉色鸭舌帽的女生率先给出了解决方案。

“好啊，你请我吃蛋糕，那我请你喝东西吧。”开口之前，苏苏就已经决定交下这个新朋友，“我叫苏苏，苏东坡的苏，你呢？”

“小楼，小楼一夜听春雨的小楼。”

在心水很久的网红甜品店拔草，招牌榴梿芝士蛋糕好吃到爆炸，一点都没踩雷，还遇见了一个好看又很甜的小姐姐，还跟自己一样对榴梿情有独钟，还真是个愉快的周末呢。

正当苏苏沉浸在内心小剧场时，阿志用叉子背小心戳了她一下，同时给了个眼神。

顺着眼神示意的方向，苏苏看到小楼用叉子一直在戳安静躺在白色碟子上的榴梿芝士，迟缓的手势像是电影的慢动作回放，等等，那一脸惆怅可不像是痴迷榴梿芝士的人呀。

她决定走过去一探究竟。

“怎么啦，你怎么不吃啊？我已经当过小白鼠了，这家店的榴

�芝士真的超级好吃欸。”

更为重要的是，陈飞宇终于是她一个人的臭飞鱼了，不用再担心他被其他系的女生拦在宿舍楼下发礼物和情书。

多亏了小楼脸不红、心不跳的大胆告白。

陈飞宇终于成了她的私人闹钟、晚安电台、贴身暖宝宝和专属补习老师。

两个人天天黏在一起，上课下课，吃饭，逛艺术展，看电影，泡自习室，那个冬天，光腿穿裙子都不觉得冷，连呼出的热气都会立刻变成粉红色的泡泡在冷风里升腾。

她的世界美好得像单曲循环汪苏泷的《有点甜》。

对毕业后的人生有着完全不同的打算，这直接导致了他们第一次大张旗鼓地吵架闹分手。

小楼梦境的延伸是澳大利亚，是那个拥有碧海蓝天、一国霸占一整个大陆的国家，而她的臭飞鱼更偏爱加州慷慨大方的阳光、舒适宜人的气候、毫不吝啬的沙滩和来自太平洋略带咸味的海风。

那阵子小楼的个人频道，在理性沟通和任性发脾气之间，无规律地切换。

可她每次发完脾气没多久，又乖乖地回到陈飞宇身边，老和尚念经般向他洗脑澳大利亚的好，磨了很久，陈飞宇败下阵来。两人约定了，本科毕业后一起到她心心念念的澳大利亚读研；约定了，一个读金融一个读法律；约定了，要一起踏遍大堡礁、艾尔斯岩、坎贝尔港、昆士兰热带雨林、蓝山国家公园、菲利普岛自然公园；

还约定了，一起去看讨人喜欢的袋鼠、鸸鹋、树袋熊、短吻针鼹和黑天鹅。

可最后，想去加州的人最后去了澳大利亚，口口声声嚷嚷着要去澳大利亚的人却飞了美国。

再后来，飞宇回到上海工作，遇见了苏苏。

06

大学毕业后的时间像穿了装着风火轮的滑板鞋，一路加速狂飙，任你成长的速度再快，也追不上时间的漂移和世事的变幻，任你再紧握双手，也总有抓不住和掌控不了的东西。

很多时候，不管你有多留恋，都只能大步往前走。很多爱情，说掏空就掏空。很多陪伴，说没有就没有。很多路，到最后，还是要一个人走。风华正茂和意气风发，最容易被生活打脸。

今天还紧紧地牵着你手的人，明天很可能出现在另一个人的身边；今天陪你吃着热气腾腾的火锅喝着冰啤酒放飞自我吹牛末了还把失恋痛哭的你送回家的好朋友，下个月可能永远地离开你们相依为命好几年的城市，逃去远方，另谋出路。

年轮翻转，缘分诡谲。

没人想到，曾经在上海互相纠缠又各自离开的几个人，五年后，会一同出现在另一座城市的同一场婚礼上，鬼使神差地坐到了同一桌酒席。

旧爱新欢，交叉错落。这一次，坐在苏苏身旁的不再是阿志，而是陈飞宇，小楼挽着手臂的人，也从从前的陈飞宇变成了现在的张志杰，上海明明那么大，但它想小的时候也很小。

这四个人绕了半个地球又纠缠在一起。

阿志极为自然地盛了一碗榴梿炖鸡，苏苏瞪大眼睛惊讶的那一刻，全然不记得她也早对香菜习以为常，没从前那么挑食了。

生活很玄妙，最后陪在你身边的那个人，是知道你挑食、认真给你挑出碗里香菜的人，还是不断给你洗脑香菜其实超好吃的人；是一直温声细语提醒你早点睡的人，还是不论多晚都陪你一起熬夜的人，不走到最后谁也不知道，你休想快进进度条，提前看到“人生这出戏”的大结局。

小时候，“恍如隔世”只是一个笔画不多不少的四字成语，长大后，它成了一段又一段，被问号、省略号、破折号和黑色色块连接起来的破碎记忆。

但每段被时间沙漠埋葬的记忆，都有一个特殊的触发按钮，不论你主观情感上愿不愿记起。

小楼的那个按钮，是飞宇和苏苏手上耀眼的卡地亚情侣手环，那是她和飞宇谈恋爱约会路过玻璃橱窗时说过将来要送给对方的礼物，苏苏手腕起伏的光芒微微晃眼，小楼下意识地摸了一下左手的无名指，那是一只能够唤起她安心的戒指。

结婚的男女主角在主持人的引导下张罗着热闹，台下这一桌人暗流涌动，各自心惊。

我和时间两个调皮鬼，不约而同躲在暗处，观察他们几个人的真心流动和爱情转移。

07

我总觉得，每一场相遇都有它的宿命，人类的喜欢像四季变换一样，路过便有痕迹，如同春日樱花灿烂，夏日骄阳映荷，秋日梧桐叶落，冬日白雪皑皑。

村上春树在《挪威的森林》里写道："不会忘记的永远不会忘记，会忘记的留着也没用。"

喜欢的时候是真的喜欢，后来的离开，也是认真决定后的离开，当你重新爱上一个人，不用耗费心神管过去喜欢过谁，不必纠结那些断章残篇，只要当下的你内心坦诚就好。如果你是被爱的人，也不必太纠缠恋人过去的情史，每个人都有他的历史，他的过去。

有意义的意义没办法一笔勾销，无意义的意义天天招摇过市也掀不起什么风浪。

你人在哪里，
就在哪里狠狠折腾

01

不管你在哪个城市生活，总会生出无数个想逃离的瞬间。

某些曾经很渴望的拥有，在重要的客观条件发生变化后，能变成最容易厌倦的存在。

小薇当初是为了闯荡一番才来的上海。

可她有一阵子工作压力实在太大了，连续熬夜加班到神经衰弱，睡也睡不好，头发大把大把地掉，吃东西反胃、想吐。

她把头像换成了很丧的图，朋友圈的状态经常发了删，删了发，疯狂地想逃离上海。她开始反思，如果当初选的是个小地方，压力是不是就小很多了？会更开心吧？

02

斯坦在来上海以前，待过宁波、厦门、香港、北京和非洲的某座城市。

他在北京待了两年多以后，动了离开它的念头。

最初从北京到上海，好像只是为了某种逃离。

逃离 24 小时待命永无止境的加班，逃离公私交缠在一起无法挥洒兴趣爱好的状态，逃离冗长烦琐的日常旋涡，逃离雾霾、喉咙疼和皮肤干燥。

王小波说过，改变只不过是从一个笼子到另一个笼子，但我享受的是那换笼子的一瞬间。

作为一个文科才子，斯坦没有把北京和上海放到一起做仔细的区位分析，就放弃了好不容易建立起来的人脉资源，辞掉工作，退了房子、打包行李飞到了上海，这对他而言，不亚于一场豪赌。

他也怀疑过自己的选择，直到在某次加班结束后，路过市区后半夜的霓虹，突然体会到了上海的魅力。像有种魔力紧紧吸引着你，蛊惑着你，蛊惑你不计代价地闯荡一番，看你能折腾成什么样子。

北京和上海都是能催人奋进的城市，但给人的感觉终究还是不同的。

状态极差的时候，我也曾动过离开上海、换个城市重新开始的念头。

但只要是在一线，不管是北上深哪里，拿五位数月薪的没几个人不用加班的。真让你换一个三四五线小城生活，压力是小很多，可工资立马缩水到几千块，落差太大了。所以一直没有真的去行动。

我清晰地记得，每次熬夜加完班，坐着出租车在高架上疾驰，目光随着风一起划破夜的漆黑。彼时，两岸高楼大厦灯火辉煌，出租车像一只小小的船，而我只是小船上的过客而已。

上海啊，让人爱，让人恨，我在这座城市里无一砖一瓦，然而，我贪恋她的美，贪恋她的繁华、便利，贪恋她清冷、利落的人际关系，贪恋她不管你是英雄、狗熊都不问出处。精英也好，失败者也罢，你可以在这里完完全全地做自己，反正没几个人认识你。

回到小地方，你前一天晚上多打了几个喷嚏，第二天，整条街都知道了。

03

中国有那么多城市，你为什么偏偏选了上海？

我喜欢把这个问题抛给每个来上海以后认识的、有趣的或有想法的朋友，他们每个人的答案都能提供一个全新的视角，让原本严肃无趣的问题光影斑驳起来，拓宽答案的疆界。

“反正每条路都寂寞，我想到她长大的地方看看。”

江灿的老家在新疆，离上海特别远，在全国铁路运行大调整之前，从他新疆的老家出发抵达上海的住处，差不多要花三天时间。

他懂一点音乐，经常在乌鲁木齐往返上海的火车上写歌，他的灵感来源于他所熟悉的一切，像柳絮一样的雨点，西北戈壁滩上的野草，夜里数不清的星星，妈妈唱过的摇篮曲。

所有他写的歌，都为同一个女生而写，但它们却淹没于人海，再也联系不上了。

绾绾是他在 QQ 时代认识的网友，也是他第一个认真喜欢的女生，他喜欢上绾绾后一心想考上海的大学，可还没等到他参加高考，绾绾就已经全家移民澳大利亚了。

那之后，她的 QQ 头像再也没亮过，邮件、信息、QQ 空间留言，江灿尝试过所有他能想到的联系方式，只落得一场徒然。

伤心落寞的他去了别的城市读大学，毕业后却还是鬼使神差地来了上海。

当江灿的生活，从 QQ 时代过渡到微信时代以后，他无数次在失眠的晚上用缩缩的 QQ 号搜索微信，企图与她再次联系上，然而只得到冰冷的“该用户不存在”。

他没想过再有什么故事，只是想确定她现在好不好，哪怕打个招呼也行。更不敢期待什么久别重逢，他想在她生活过的地方捕捉残留的气息，修复记忆里的碎片。

他去吃生煎包、鲜肉月饼、四喜烤麸、南翔小笼、排骨年糕、双档汤，他去逛海宁路的老房子、思南路花园洋房、徐家汇天主教堂、诺曼底公寓、曹杨新村，等等。

若用一句话概括江灿和上海的故事，便是：缘起一个人，爱上一座城，城里留不下她，他放不下她。

“每一样生物都有着极为精密的内在结构。”

小绿来自无麻将和火锅不欢的成都。大学时主修生物学，大三那年突然读不下去书了，书本上冰冷、呆板的描述总让她神思飘忽，她总觉得生物学应该是生动的、浑身散发出不可遏制的荷尔蒙的，便不顾家人反对办了休学手续，跑来了上海。

她是个颇具行动力的理想主义者。

她喜欢植物，对气味极其敏感，能精准分辨出几十种不同气候区植物的气味，并随之唤醒与那个地区有关的独特记忆。她觉得植物可比大部分人以为的有意思多了，植物像人类一样喜好颜色，它们能辨别各种波段的可见光，吸收自己喜欢的光线，对音乐的喜好也“因植而异”，对不同风格的音乐做出不同的回应，它们有它们的喜怒哀乐。

她说，你知道最棒的地方在哪里吗？植物从来不撒谎，大自然不撒谎，不像人类。

她说，每一样生物都有着极为精密的内在结构，不去学习了解的人，无法认识到真正的美。就好像大家都知道红色、黄色、绿色，但不知道每种颜色之间还隔着许多别的颜色，它们内在有何亲密的关系。人类应当对生命饱含敬畏之心。

上海对小绿来说是魔幻现实主义的存在，她喜欢藏在这里研究植物，体察世界。

“如果不去做心中所想，就会一辈子想心中所做。”

李漾一开始没想到上海会是下一个目的地，毕竟一般玩音乐的人都喜欢跑去北京，只不过他也没想过毕业后留在宁波。未来在到来之前总是不可期的，这也是未来迷人的地方。

显然，如果留在宁波的话，有他的音乐圈子、有他的知己好友、有对他狂热的粉丝，那是一块把一切运作起来都更容易的土壤，不管是一顿饭、一场巡演、一笔钱或是别的。

大学毕业后，他去四川流浪了半年，身上的钱快花光的时候，也客串过几回街头艺人。

回到宁波后，一无所有，倒也轻松。甚至在某次喝完酒后，猛地跳进了甬江边的芦苇荡，一个人在夜里放声歌唱，那晚突然弹出来的灵感则被他写进了后来广受好评的《狗都睡了》（这也是他所有歌里，我最喜欢的一首）。

在上海，他做过音乐老师、制片人、环境音乐设计师、工作室主理人。

有次夜里乘地铁，他遇到了一个穿着一件有点脏的工装服的工人，很随意地靠在扶手上唱山歌。彼时，其他人都在低头玩手机，没人注意到那个工人。

那一刻他做了个决定，不要对生活麻木，不做行尸走肉一样的人。

在公司里，为了放风，每天下午都要抽几根烟，但他真的没那么爱抽烟。

对了，他是一个很标准的摩羯座，什么事都憋在心里，这些故事，是我断断续续地通过不同人的叙述才拼凑出来的。

我唯一可以确信的是，他真的很热爱音乐，为了玩音乐才来的上海，能一直把音乐玩下去大概是他这辈子最开心的事情了。至于他心里的那团火，没几个人真的能看懂。

04

如果你问我为什么还留在上海，我大约会说，因为还有很多没能实现的期待。

每个在一线城市打拼的人，都背着他的故事和缘由。

那些口口声声要逃离北上广深的人，最后有多少逃离了？逃离了北上广深就能逃离讨厌的一切，逃离排山倒海般的压力吗？逃离了北上广就不用担心柴米油盐孩子教育，不用为生计日夜奔波了吗？逃离了北上广去大理买了房子生活的人，也不能完全避世和随心所欲，还是会面临新的烦恼与新的困境。

所以，如果只是为了摆脱旧有的笼子，那永远有新的笼子在等着你。

人生面临重大选择时要看所处阶段再做决定的。

如果你还处在求学、刚开始工作、追逐梦想的阶段，那北上深这样的大城市，明显有更多的机会，更能拓宽你的视野和人生边界；如果，你已经积累了足够的工作经验，也锤炼过综合竞争力，开始考虑成家立业之类的事情，那明显，你的出发点不该是北上深具备的优势条件，而是哪些是你真正能享受、承担的物质生活和精神生活配套，你跟哪个城市匹配度最高，你在哪里能将优势发挥到极致、收获更高品质的生活，这些才应是你用来做决定的参考因素。

喊了八百遍“要逃”的小薇，目前还在上海折腾。

她把上一份工作辞掉以后，找了个小城休养生息了一阵子，舒服是舒服，但没有钱在哪里都是白搭，找不到她满意的工作，文娱生活不尽如人意，想看一场喜欢的演唱会还得跑到别的城市。再次从虹桥站走出来，她的胸口堵着黑压压的人群的同时，也嗅到了自由、奔放和希望，上海死命折腾她的同时也在帮她升级系统，加速版本迭代。

“啊，上海，我又回来了。”

哪片土壤更适合当下的你，你就去哪里，你人在哪里，就热爱哪里，就在哪里狠狠地折腾。

用 TVB 电视剧的话说，做人呐，最重要的就是要开心，千万别拧巴。

你有颗想当将军的心，享受拨弄风云、打怪升级的刺激，就别勉强自己当个没任何存在感、万事被动的小喽啰，真心想离开现在待的地方，哪怕今天收拾完行李明天就离开也行，只要保证它是你慎重思考后做的决定，不自欺欺人、不冲动就行。

女生的友谊，像玫瑰的香与刺

01

女生之间的友谊真的很复杂，像极了玫瑰的香与刺，有芬芳馥郁，也有茎刺扎人，有正面的陪伴、理解与照顾，也有反面的占有、攀比和嫉妒，两面交缠，很难割裂。

大金和晚九认识八年，从大学时代起就是很要好的朋友，不论必修课、选修课，还是图书馆自习和做暑期社会实践，旁人总能看到她们两个黏在一起。

就连一向被分离乌云笼罩的大学毕业，也没能扯断她们的友谊。两人从北方一所高校毕业后，先后到了上海，又先后进入了同一个行业打拼，彼此在生活和情感上互相照应，经常帮对方牵线搭桥找资源，微信朋友圈重合度高达 50%。

但这样要好的两个人，前段时间却因为晚九交了新男友的事情闹掰了。

以往，晚九一有什么新八卦、新暧昧、新恋情，都会第一时间跟大金分享，让大金帮她出谋划策，但这次她交往了一个杭州富二代的事情却对大金只字未提，还是别的共同好友聊天时说漏嘴了，大金才知道的。

大金本想按兵不动、继续假装什么都不知道，奈何她是个藏不住心事的人，还是主动跑去问晚九了。晚九这回倒没扭捏，很直白地说，才谈了两个多月，八字还没一撇就没多说，只不过她把这个男友当潜在的结婚对象谈的，所以比较慎重。

这“慎重”二字相当扎心，就因为慎重，所以对别的朋友就可以说，对我却不能说？

大金从晚九的平淡语气里，听出了防备，心下一惊。

事后，大金跟我吐槽，她又没有抢闺密男友的黑历史，晚九竟然防着她？她不知道该把这种“防备”当成是变相的恭维，还是二人亲密友谊破碎的标志。

02

大金和晚九读书时，最爱追的韩剧是《清潭洞爱丽丝》。

剧里，原本独立自信的女主韩世景在被现实一再打击后，被迫妥协，跑去向女二徐云珠讨教跻身韩国上流社会的秘诀，那时，徐云珠说了一句话，“如果不是百分之两百是我的阵营，就不要轻易交代”。

或许，对晚九来说，哪怕是大金这样曾经彼此陪伴的好友，也是潜在的威胁与竞争对手，在关系到婚姻大事的重要感情尘埃落定之前，是不会轻易交底的。

从前两人一起追过的剧，大金只当是课后消遣，晚九却把道理记在了心里。

这样的理性，让大金受伤，也让她心生佩服。可从前那些相互支持的好，又是那样的真切生动。真真假假让人分不清，大金想不通。

那件事后，大金和晚九装作一切如常，却又都知道，她们之间有些东西已经隐约变质了。

03

进入 11 月以后，上海的夜里惊人地冷。

魏珂临时组了一个老北京热气羊肉火锅局，在女生圈子里混久的他，对“女生化妆很麻烦，每次出门前都要折腾一两个小时”这点有深刻体会，特地在群里叮嘱我们几个女生，晚上别化妆了，素颜去就行，就几个经常在一起玩的朋友吃饭，没有青年才俊，不值得浪费我们的雅诗兰黛和阿玛尼。

等人全部落座后，魏珂和卢旭先后感慨，说你们化不化妆差别不大啊，这样也挺好看的，干嘛天天把自己涂得红花绿柳一样，还老迟到。

只有女生才最懂女生的小心机，要男生区分“真素颜”还是“伪素颜”实在是有点为难他们。他们一说完，我和大金还有铃铛三个人相视一笑，各自坦白为当晚所谓的“素颜出席饭局”做的准备。

大金笑着说，她下午无聊就去美容店做了个脸，脸上扑了一层薄薄的香奈儿散粉，所以整张脸均匀白皙有光泽，气色很好。

铃铛则坦言，她涂了素颜霜和睫毛打底，做了最近流行的枫叶色指甲。

我也坦白，虽然是素颜，但出门之前做了深层清洁、敷了面膜，加上皮肤底子还行，勉强能见人。

最后，我还开玩笑，“你看，我们这算不算典型的‘塑料花友谊’，嘴上都说好，没有一个真素颜。”

我、大金和铃铛，三个人都是交过心的朋友，一旦谁真的遇到事情，其他两个都会第一时间站出来帮忙，绝不会扭扭捏捏、虚与委蛇。

我分别为大金和铃铛手撕过渣男，大金和铃铛陪我智斗过垃圾房东，我和大金陪铃铛大半夜踩着高跟鞋走五条街找狗，铃铛妈妈到上海做手术的时候，我们四处找朋友拉关系，帮她妈妈搞定床位的问题。

可即便如此，尽管我们并没有把魏珂他们当成潜在的“恋爱对象”，仅仅因为有异性在场，参加饭局的时候，我们几个还是会认真打扮，在心底“悄悄比美”。

女生就是这样矛盾的生物，哪怕关系再好，彼此有过硬的交情，也不能完全不带小心机。

04

“闺密”特指亲密、无话不谈的女性好友。

其实，我本人不太喜欢“闺密”这个词，总觉得它污化了女性之间的友谊。

当然，这不得不归因于为了制造“戏剧冲突”，刻意把“闺密们”放在对立面的影视作品，归因于那些为了金钱、地位和男人，与昔日好闺密翻脸的俗套戏码。这样的故事设定，似乎总在暗示女性之间很难拥有真正的友谊，在处理友情这件事情上，男人比女人更擅长、更坦荡。

但我无法认同。

男性之间有“真朋友”和“假兄弟”，女性之间也有“真闺密”和“假闺密”。

如果说，男性之间的友谊贵在豁达、随性，有粗粝的美感，那女性之间友谊的魅力则在于感性、细腻，女性对其他人类和外部世界的体察能力均优于男性，女性天然更容易移情，更富有同情心。女性之间绝对能够拥有纯粹的、真挚的友情。

只不过，我们得承认，女性之间的友谊很微妙，需要小心浇灌。

怎样才能正确处理女生之间的友谊呢？我自己总结下来，无非有以下几点：

一、善于体察，划分女友类型，弄清楚哪些才是你真正的女性好友，哪些只不过是一段时间内往来频繁的“露水闺密”和当面一套背后一套的“假闺密”

没有人活在真空里，每个现代人都活在错综复杂的社会关系里，人多的地方，就一定有江湖，也一定会有远近亲疏，避免不了的。

女性好友之间也会吵架、闹矛盾。

《老友记》里的瑞秋和莫妮卡，她们一面跟对方瞎胡闹，一面照看着对方的幸福。《欲望都市》里我最喜欢的角色是萨曼莎，欣赏她的放荡不羁，更喜欢她为了好姐妹能两肋插刀，她不评判凯莉和大先生之间的感情，能豁出去帮凯莉取掉下来的避孕环，也能顶着毁容般的脸，去参加凯莉的新书发布会。

真正把你当好朋友、好闺密的人，不会时时提防着你，不会任由嫉妒的火焰蔓延，也不会因一时的失意、疑虑，就倒戈相向、背后插刀。真正的好朋友、好闺密，一定会发自内心地希望你得到幸福，哪怕偶尔有不愉快的小插曲，也会适时消化，不会记在心里，当作日后的筹码和炸弹。

至于晚九把大金当真朋友还是假闺密，我们这些外人无法评判，最终的判定权掌握在大金手中，故事的真相藏在她们过往的点点滴滴里。

二、要照顾女性朋友的感受，保持低调平和，不必大张旗鼓地炫耀幸福

人是需要分享的动物，每个人都多少有点虚荣心，加上人心易妒，女性好友之间也很难杜绝暗暗比较。

我相信，如果你能做到这样，就一定能交到知心的女性好友：当你遇到了值得分享、想炫耀的事情，打算跟你的女性好友们分享时，几句话带过就行，不必过度渲染、炫耀；你能发自内心地承认

女性好友的优秀，为她们的幸福鼓掌，不私下嫉妒。在我看来，不以自身的幸福刺伤别人，是一种修养，不吝啬对他人赞美的人，才是真正的人美心善的小仙女。

三、跟女性友人的男朋友保持距离

嘴巴上多坦荡，也比不上言行一致、洁身自好，一个人的口碑和信用额度是不断积累的。

我跟小花之间有个默契，从来不会主动加女性朋友的男朋友的微信，即使聚会上配合气氛加了好友，如非必要，平常从来不会主动联系。

那些越过女性好友，跟她们的男朋友在微信上频繁聊天的人，不论动机如何，多少有些过界。

四、端正位置，放平心态

女生多的圈子和聚会上，一定会出现闪耀的、喜欢引人注意或者习惯了目光洗礼的“社交女王”“话题女王”，也一定存在相对低调、不怎么说话，甚至是给“女王”当跟班的背景板。如果一个场子，同时出现了两个争当“女王”的人，那场面一定相当精彩，或暗流汹涌，或剑拔弩张。

可是，你不必在意那虚无，端正位置，放平心态，不管到哪里，都开开心心地做自己就好了，不委屈自己去当谁的小跟班，也不必野心勃勃总想着霸占话题女王的位置，你永远是自己的“小公主”。

玫瑰有刺，我们不必去招惹那些刺，静静地享受其芬芳就好了。

女人和女人不是天生的仇敌，他们可以是盟友、共事伙伴和合作对象。

爱情像一场剧本杀，有戏剧冲突所以惹人沉迷

01

关于爱情，每个人信仰的答案都不一样。

在柳永那里，爱情是“衣带渐宽终不悔，为伊消得人憔悴”。在三毛眼里爱情是“我每想你一次，天上便落下一粒沙，从此便有了撒哈拉”。到了萧伯纳那里，爱情又变成了“最疯狂、最迷乱又最易逝的激情”。

我曾以为，爱情它是四目相对时的怦然心动，是遥遥相望时的心有灵犀，是“我非你不可，你非我不可”的一种内心笃定。

然而，在时间的沧海上漂泊久了，我发现类似这样的描述太抽象，掺杂了太多个体的浪漫幻想，像是加了滤镜精心修过的照片，

无法揭露问题的本质。

尤其，当我也在爱情的沙滩上沐浴过和煦阳光淋过大暴雨，目睹过身边诸多好友在爱情的旋涡里浮浮沉沉，又翻阅过很多描写爱情的经典小说、看过很多关于爱情的经典电影后，越发觉得：爱情是两性之间的情欲交缠，是精神世界与肉体关系的总和，是特定场景下一场或几场事故引发的后续故事。

任何一个编剧，如果想让一男一女发生爱情纠葛，一定会先设计他们的初次相遇，用插曲、事故、巧合之类的手段制造独特的记忆点，而这些“记忆点”则是男女主角日后情感升温的催化剂。

现实里也一样，也有“命运之手”按照它的思路在编写爱情剧本。

爱情就像一场剧本杀，有戏剧冲突所以惹人沉迷。

你遇见他，撞上他，撞上那些有戏剧冲突的“小意外、小插曲、小矛盾”，这些小的戏剧冲突，让你和他之间与众不同，有心动、有纠结、有争吵、有欢喜，继而你喜欢他，爱上他。

比起爱上某个具体的人，女生最先爱上的是爱情本身，是类似爱情的感觉。

02

我有个朋友小晨，1994 年生人，巨蟹座，天天嚷嚷着要跟偶像剧里那种一米八有腹肌的大帅哥交往，连“我真的好想谈甜甜的恋爱呀”的生日愿望都借着酒劲许了三回。

看似一心想恋爱，周末从来不出门。

公司里有个对她有好感的男同事阿 K，恰巧也是她喜欢的高高瘦瘦、斯斯文文的类型，约她周末一起吃饭、看电影，可她一想，又要化妆又要换衣服太麻烦了，还是在家玩手机吧，就果断拒绝了。

二十几岁却一场恋爱没谈过，说出去真的没几个人相信，明明长得不错啊，化上妆还很惊艳，吓得她爸妈经常轮流搞电话袭击，旁敲侧击地问她是不是喜欢女孩子。

直到我认真问她：“你是真的想恋爱，还是说着玩玩的，有帅气的偶像追就行？”

她这才坦白。她是真的想谈恋爱，但她不知道怎么开始，也不想去做任何努力，好像一旦花了什么心思，就玷污了“爱情”两个字一样，一点都不纯粹了。

我敲了敲她的脑袋，“笨蛋，爱情不是等来的，是撞上的。”

有很多人像小晨一样，渴望爱情却不知道怎么开始。他们还没反应过来，爱情不是一对一的宿命，爱情也不是凭空产生的，大多数时候，它是“场景的魔力”的产物。

一个女人爱上一个男人，大多不是因为“他就是他，独一无二的他”。人类的可替代性是非常强的，一个男人与另一个男人的差距绝对没有100倍那么大，你喜欢他，你爱他，往往是因为“场景的魔力”——在那个时间、那个地点、那个场景之下，配合他的外貌和举止行为，他让她心动了，丘脑中的多巴胺等神经递质不断地分泌，汹涌磅礴，所以你才像吃着巧克力踩在云朵上一样，幸福得冒泡。

当性别调转，男人爱上女人时，也一样。

我们甚至能通过爱一个人，爱上整个世界。

我们知道，终究会在某个转角与爱情相遇，但却不知道，“场景的魔力”什么时候会发生。

03

说起来，小A跟女友咪咪的认识也很有戏剧性。

打浦桥日月光新开了一家火锅店，咪咪约了闺蜜一起探店，打算吃完就在公众号上发布探店推文。

正赶上周六的晚餐时间，她家又住在离日月光不远不近的尴尬距离，等了半天也没人接单。20分钟后，她果断放弃了打车的念头，借了室友的小黄人电动车骑，一路风风火火，倒也遵守交通规则。

眼瞅着就要到日月光，只有一个路口了，被不知道从十字路口哪里蹿出来的仿若哪吒风火轮一般的电动车给撞了，以一种既诡异又好笑的姿势摔倒在地。

小黄人整个压在她身上，膝盖和小腿都擦破了一大片，热天里像被半开的水浇过的花，丧丧地流着血。疼是真疼，细皮嫩肉的能不疼吗?

04

好在咪咪是个能控制住场面的人，什么剧没追过，什么风浪没见过?

用光速整理完情绪，处变不惊又眼尖的咪咪，第一时间目光锁定了一个潮人打扮长相却看着好说话的路人，用小手勾了勾，“喂，小哥哥，帮我拍张照呗，不用美颜，iPhone 后置摄像头原图就行。”

肇事小哥是个送外卖的，停好他的送外卖专用坐骑之后，手足无措地站在一旁，像是遇上了什么塌天大祸。

“小姐，你，你，你没事儿吧？”

“你傻站着干吗，把我的小黄人给扶起来啊，你是想让我躺在地上做动漫真人秀还是静态展？”

路人帅哥和肇事小哥，分别愣了几秒钟后，先后过来帮忙。

小黄人和咪咪陆续被扶了起来，她试着走了几步，还好只是擦破了点皮，没伤着骨头，就是腿打弯的时候吧一阵阵疼。

“好了你走吧，再拖，今天白干了。”

“那……要不我给您留个电话吧，真真对不起，今天好几个客人催单，太着急了。”

“妥。医药费 100 块以上的话，你给我报销，低于 100 块就算了。”

这时，被冷落在一旁的小哥弱弱地说：“照片我怎么发给你啊，你还要取证吗？”

“取什么证啊，你港片看多了吧，这不我第一次开小毛驴就跟人撞上了，得纪念一下。”

这还真是咪咪能干出来的事儿，她呀，就是内心住着个小野猫的——无厘头萝莉、间歇性御姐。那天的咪咪太生动了，眼睛亮亮的，连摔跤都摔得那么可爱，一下撞进小 A 心里了。

小 A 在某狗头军师（我本人）的指引下，开启了长达两个月的死缠烂打，终于追上了我们这位嫌弃谈恋爱麻烦、直男很麻烦、化妆很麻烦，满脑子都是二次元偶像、只有美食能让她出门的美少女战士。

05

天天宅在家里，恋爱对象又不会从天上掉下来喽，除非是网恋，但就算是网恋，也总得见面、约会。想要爱情，得让爱有机会发生，得先让别人有机会认识你。

遇见了不一定就能喜欢、能爱上，但相遇是爱情的第一步，遇见以后的剧情，要看你们的对手戏有没有演到对方心动。普遍适用的终极脱单秘诀是：你得像个有上进心的演员，在不影响人生这部戏的剧情大纲的前提下，想办法给自己加戏。多出门，多聚会，多参加你感兴趣的社交活动，跑步、健身、唱K、看展、旅行、逛书店、打保龄球，等等。

你撞上的“小插曲”“小冲突”多了，遇上爱情的概率也就增大了。

就算不是为了谈恋爱，只当是充实生活，一个人过得风生水起，也很好啊。

当然，如果你足够懒，又有足够强的耐心，只愿意被动等待，又不惧怕时间，那就等着“命运之手”写的爱情剧本砸中你吧。

就像后来被爱神射中的小晨一样。

台风过境上海那天，狂风暴雨袭城，公交车在水里游，N个小区变成了海景房，陆地最大阵风8级到10级，上海两大机场取消航班近2000架次，多条轨道交通停运，出租车很难打，就算非中心地段也能排到一两百位，外卖几乎不配送。

可就在那一天，忘了囤干粮，正饿着肚子站在阳台上傻傻地望着窗外狂风暴雨的小晨，听到了急促的门铃声——阿K戴着黑色鸭舌帽，穿着透明雨衣，逆狂风蹚深水，拎了一大包零食，还打包了两份小晨最爱的星洲炒米粉和奶茶送餐上门了。

真真是，满城风雨，他从“海上”来。

这下，再迟钝如小晨也知道阿K喜欢她了，况且她对阿K先前就有过好感。

红尘俗世，痴男怨女，近在咫尺还是远在天边，就看有没有人愿意先跨出第一步了。

为爱主动的人都是小天使哦。

打破社交壁垒从语言开始

01

根据我常年在各类社交网站上潜水的经验，有严重“社交恐惧症”的人，恨不得出门穿一件印有“我是哑巴、不会聊天不想说话、只洗头不办卡、游泳健身英语微商都不想了解，别烦我”的大字报风 T 恤。

糯米经常自嘲，她就是个同时拥有“网络人格”和“现实人格”两种对立人格的“轻度社交恐惧症患者”。

网络上的她像个百变魔法少女，可甜可酷可御姐，脑袋里存储了一个庞大的数据库，网友找她聊天，她从来不会卡壳，仿佛有用不完的话题。可一旦把她放到真实的、面对面的社交场景里，她就像装了 Windows7 系统的笨重台式机，又卡又迟钝，语言组织能力倒退十年，还没等她开口展现迷人之处，站在对面的人早已找借口开溜，开辟五光十色的新战场去了。

上周，糯米再一次经历了“社交酷刑”。

安小姐把新餐厅的开业典礼做成了西式简餐交友派对，邀请了很多朋友参加，包括我和糯米。

到场的宾客有二十多位，安小姐得一一寒暄、照顾，自然没太多时间分给我们，叮嘱我们两个吃好喝好玩得开心后，便举起高脚杯，翩然而去。

我刚好见到了几个熟人，就短暂地抛弃了糯米，跑去一旁聊了会儿天。

糯米呆立在餐厅一角，目光紧盯踩着高跟鞋的安小姐，看着她不断地转场，与每个人交谈甚欢，安简直像个跳华尔兹的优雅舞者，无意炫技，却足以令糯米羡慕。

不像她，只会举着高脚杯发呆。偶然有个想主动与她攀谈的，也被其扭捏之态吓退了。

无聊又尴尬的她，只好偷听旁边的人讲话，她听他们聊资产配置、大盘指数，聊大陆法系与英美法系的区别，聊中美贸易战、分析物价上涨的原因等，个个都很健谈。

我回来后，她立刻跟我吐槽她的“格格不入”。

我跟她说，社交壁垒往往是从语言开始的，尤其在陌生的社交场景里。如果说人们平常用光鲜亮丽的衣着、包包和配饰堂而皇之地划分阶层，那么，他们所使用的语言体系则在用委婉的方式告诉别人，他们是谁，他们是否愿意接纳他人进入聊天阵营。如果他们愿意，他们会开启一个你能接得上的话题，不愿意，则会按照他们喜欢的方式继续聊下去。

对于这种语言上的壁垒，她没有应对经验，过度的紧张和不自信让她在人前失语。

02

晚上十点多派对才结束，第二天是周日不用工作，我跟糯米就留下来陪安，看着她指挥员工收拾，顺便帮忙。等收拾得差不多了，安新开了一瓶白葡萄酒，我们三人坐在靠玻璃窗的位置喝酒聊天。

安问我们菜品怎么样，合胃口吗，认识了哪些新朋友，我跟她说了糯米今天的烦恼——交友障碍。安立刻给了个秒懂的表情，“原来是这样啊。”

没了生人，糯米像重新激活了嘴巴的功能，变成了好奇宝宝，向安和我取经，问我们社交的秘密。

安这方面毫无压力，就没有她应付不了的场合，哪怕是出席前男友的婚礼，也能做到既艳压全场，又不招人嫉恨，这本领一般人真学不来。

她是富二代，从小被她妈带着参加各种饭局、酒会，见这个阿姨该聊什么，见那个叔叔该说什么，轻轻松松，耳濡目染。用她自己的话说，她不喜欢应酬，但她真的很擅长应酬，这也是种烦恼。

只不过，糯米缺乏安的这个社交技能培育场景，所以，我的方法可执行性更强一些。

其实，社交没那么恐怖，你只要开口说了第一句话，就能聊下去的。

任何场合你都自信一点，不怯场就好了。

一旦气场弱了下来，自卑扭捏，哪怕你穿 15 厘米的高跟鞋，拎一个名牌包包都不一定能挽救（当然，在越发物质的圈子里，限量版包包可能有点挽救机会，但那不会是我们真正想倚仗的东西）。

社交的精髓莫过于在适合的场合说适合的话。它考验的不是一个人的口才，而是情商和信息储备能力。情商高的人待人接物令人舒适，不会说让人尴尬、让人下不来台的话。我认为的信息储备能力强则是指“博学约取，诸多涉猎，有所精通”。

你需要广泛阅读提高知识积累，不必精通各个领域，但要多多涉猎，了解不同圈子的高频话题。金融圈的喜欢聊资产配置什么的，那你平常也可以了解一下投资理财的基础知识，股票、基金、黄金多少懂一点；法律圈的专业术语你听不懂，也背不出什么法条，请教他们具体的法律问题不也是种开启聊天的方式？如何规避合同纠纷、合同陷阱之类的。

人与人之间的圈子虽然有壁垒，但每个人都在说着与他身份和个性相称的话。每个人讲的话里，一定有某个“信息关键词”，它像个钩子一样，只要你抓住了那个关键词，你就知道下面该说些什么。就像在纽约，偶然间听到一个美国人跟你说，他周末要去东汉普顿度假，他在那边有别墅，你就基本可以肯定这个人身处纽约的富人阶层，可以继续聊度假或股票啊投资什么的。

03

之后的聚餐，我们几个有了新的乐趣，排队等位或吃饭的间隙，像玩三国杀一样，猜陌生人的“身份牌”是什么，应当会对什么话题感兴趣。

有次我们几个去巨鹿路上新开的一家烤肉店吃饭，烤肉店店面不大，精致的日式风格装修，搭配动感的音乐，很适合约上三五好友，小口饮酒，大口吃肉。

那天店里人太多，没位子了，我们几个坐在吧台，左侧坐着两位衣着讲究的女士。那两位女士似乎跟老板是熟人，三人相谈甚欢，提到了“扬州瘦马”一词。

明清时期，“养瘦马”是一项暴利投资。

有一批人专门从贫苦家庭中挑选面容姣好、有潜力长成美人的小女孩，买回来加以调教，教她们歌舞，培养她们修习琴棋书画，等她们长大了，便卖到秦楼楚馆或是给有钱的商人当小妾，因贫家幼女吃饭都困难，营养根本跟不上，大多身材瘦弱，加上扬州“养瘦马”之风最盛，所以称“扬州瘦马”。

根据“扬州瘦马”这个信息关键词，可以判断出这几个人有一定的文化素养，可能喜欢扬风扢雅，对明清历史感兴趣，如果跟他们同处一个社交场合，聊一些历史、文化相关的典故，应该不会出岔子。

当然，他们也可能是在聊娱乐圈流传已久的不靠谱八卦，这种时候，不妨接着往下听，结合上下文信息，确认该把话题往哪里引。

旁边的一位穿天鹅绒吊带连衣裙的女士聊到了一些关于静态展的想法。

我们猜她是装饰艺术家、策展人或艺术记者，之后的对话也验证了，那位女士还真是个业内有名的策展人。

还有一次，我们去吃了一家网红火锅店，有个风风火火的姑娘坐下后，对服务员说了句，“把你们的物料清单，呸，帮我拿一份菜单，谢谢。”

那晚，那个女生一个人点了一桌子的菜。她多半是广告公司或公关公司做项目的，多半正在焦头烂额地搞项目以及被客户虐，打算吃顿火锅犒劳自己。对于吐槽甲方难搞这件事一定很乐意加入。

04

寻找对话中“信息关键词”的过程，像在做完形填空，根据已知信息，去判断和填充未知信息。听起来很有难度，但过程很有趣。

如果想打破社交壁垒，从对话中精准地提取“信息关键词”只是一个部分，除此之外，你还得留意对方的表达方式和主语的使用。

对方开启话题时，用的是“开放式”的问题，类似于，“你喜欢哪个作家的作品？最近有什么值得推荐的电影？”你大致可以判断，这个人至少对你是友好的，愿意跟你聊天的。

相反，对方如果老用“封闭式”“否定式”的陈述和表达，类似于“我不认为海明威的作品有什么了不起的地方，不就讲了古巴老渔夫圣地亚哥在海上捕鱼的故事吗？”“整容的人就是虚荣啊。”“鲜肉月饼不配叫月饼。”……那大概有以下几种答案在你的脑子里盘旋：第一，这个人个性鲜明，非常自我；第二，他用刻意表现的偏激和狭隘来击退企图加入聊天的你，他不欢迎你。

那些聊天时很喜欢使用第一人称“我”作为陈述的主语的人，很自信，主观意识非常强。当你不认同他的观点，准备反驳时，可以采取“先肯定，再转折”的句式，比如“你说得很有道理，不过呢也有例外……”

人类的本质是一切社会关系的总和。

一个人的语言习惯，是时间沉淀和教育背景、社会经历等共同作用的结果，当你试图了解一个陌生的人，当你试图加入一群陌生人的对话中，不妨先从了解他们的语言习惯开始。

分寸感是你最好的社交名片

01

进入到移动互联时代以后，手机成了人类器官的延伸，微信朋友圈像电子版的“脸”一样，发挥着展现一个人精神面貌的作用。

而喜欢发朋友圈，又经常删朋友圈的人，大多是心思细腻、情感丰富的人，俗称“戏精”，比如某些时刻的我。只不过若是戏太多，没把握好分寸的话，会给旁人造成一定的困扰而不自知，甚至妨碍到我们的社交。

有次我跟魏珂约在了古北一家有名的老北京涮羊肉店聚会，没等我把一片涮好的、沾了麻酱的手切羊肉塞进嘴里，坐在对面的魏珂就抛了个小炸弹过来，“你最近失恋了？”

“怎么这么问？”

“我看你前阵子的朋友圈，情绪大起大落。”

“哦，没什么，前阵子工作压力特别大，加上跟男朋友吵架差点分手，现在又和好了……”

回答魏珂的同时，我在脑海里快速地搜索最近发过的朋友圈，一共也没几条，除了正常的日常分享，就是几首伤感的歌，配了几句矫情的、旁人看不懂的句子，最接近于真实心情的发泄大概是一句“那好啊，我们都是自由的”。

别的没了，魏珂真的好严格啊。

“可你不觉得这样很不好吗？”

“啊？”他冒出这么一句，搞得我嘴里的肉都不香了，“我本来就很容易多愁善感啊，而且，一般那种带负面情绪的内容，很快就删了。”

“嗯，我是说，发泄有很多方式，不一定非要发朋友圈，不用总把自己的坏情绪暴露在他人面前。”

“我分组了啊，大哥。能看到我个人生活和情感状态的都是朋友，因工作缘故认识的人，我都有一个独立的分组，发朋友圈一般都屏蔽的。”

“哦，那还行。反正，跟我关系再好的同事，我也不想了解他的私生活，保持同事的关系就好了。”

忘了说了，魏珂是我来上海后，第一家广告公司的同事。

当时我们并不熟，我们真正成为朋友，是在彼此都先后离开老东家以后。而我和魏珂之所以能成为聊得来的好朋友，主要因为我们两个都是那种比较理性、容易沟通的人，说起话来没有弯弯绕绕，不累人。

魏珂的中心思想是，朋友圈经常发负面的东西，会破坏别人对你的好印象。

并且，他觉得老靠发朋友圈发泄不开心的人，情绪管理能力太差，而一个成年人必须具备强大的情绪管理和自我调节能力。

我明白他的意思，也很认同。但我在认同他的同时，也反驳了他。

就算我没屏蔽工作关系上的人，我的朋友圈发什么不都是我的自由吗？总不能我想发点什么还得先写个申请书，让我朋友圈的每个人签字、盖章吧？简单来说，他在意的是人与人之间的“界限感”，而我想表达的是个体的“言论自由”，这是两个角度，本质不一样。

“有个度就行了。”魏珂开始继续吃肉，我们的讨论也就此结束。

02

打车回家的路上，我回想了一遍跟魏珂的对话。

表面上看，我跟魏珂最终达成了一致意见，发一些跟个人情感相关的、带点负面色彩的朋友圈时，屏蔽工作上有交集的人就可以了，但实际上，当我承认自己发一些负面情绪的朋友圈屏蔽了同事和合作方的时候，就已经认同了魏珂的观点。如果我足够理直气壮，我完全可以怼回去，为什么不能发，我想发什么就发什么，干什么要屏蔽？但我没有。

自微信朋友圈被纳入重要的社交场景之后，它就不再是“私密之地”了。

它是一个人的生活记录、心情碎片，也是一个人的“社交名片”。我们会有意识或下意识地根据一个人的朋友圈，去了解和判断一个初相识的人，这样的判断并不总是准确，但却是常被琐事缠身、无暇面对面交流的现代人社交的重要参考依据，同样，我们也被别人观察着、判断着。对于相识已久的人，朋友圈则是我们了解他们日常生活与近况的重要渠道。

管理朋友圈本质上是在做“印象管理”。

每个人都喜欢遇见阳光、乐观，而不是消极和负能量的人，所以发朋友圈也需要分寸感。

除了关系最亲近的人，没人对你的一地鸡毛感兴趣，也没人会真的能对你感同身受，大家都喜欢雾里看花，哪怕明知有些美丽是建立在虚幻的基础上的。

我跟蔓青是在某次聚会上认识的，当时，她在一家婚庆公司做定制化的婚礼策划。

那晚，蔓青戴一副金色多边形框镜，穿一条孔雀蓝连衣裙，聊天时神采飞扬，一看就是那种逻辑特别清晰的人，饭后，我们加了微信，成了仅有一面之缘的“点赞之交”。

她的朋友圈仅显示最近半年的状态，所以我并不知道她以前发的朋友圈是什么画风。

加了好友之后，她经常一天发很多条朋友圈刷屏，性子有点像炸药桶，一点小事就点着了爆炸了，在朋友圈发几百字的长文吐槽各种她遇到的奇葩、不顺心的遭遇。

我刚开始像在看八卦，看多了则有些烦心，刷到了她的朋友圈也不点赞，默默跳过，有点敬而远之的意思。后面就索性屏蔽她的朋友圈，不看了。

听别的朋友也吐槽过她太负能量。再后来，辗转从别人口中得知，她这半年的日子很不好过，原本都订婚了，准备明年年初结婚，结果未婚夫悔婚跟别人结婚了，这个故事里最狗血的部分在于，她前未婚夫的老婆是她的大学室友，这件事对她的刺激很大。

知道故事的完整版后，我默默地关了对她的朋友圈屏蔽，再看到她的负能量朋友圈时在心里默默叹息一声。

身边了解她的人，会体谅她的感受，但大部分人并没有机会了解那么多。如果她不试着改变，她在朋友圈释放的大量负能量对她的社交形象的损伤是不可逆的。

大家都会用一种巧妙的方式远离她。

对于一个理性、克制的成年人来说，发朋友圈要有分寸感，评论别人的朋友圈也需要把握分寸感。

朋友艾达最近又屏蔽了几个无聊的人。

下决心健身练马甲线之后，她每次去完健身房或夜跑完，都会随手拍一张照片打卡，以此激励自己坚持下去。但她的朋友圈总有一些不知高低的人，喜欢在她的评论区打击她，说些她这么胖就别瞎折腾了，肯定坚持不下来、练不成马甲线之类的丧气话。

熬了很多个通宵改了很多遍的设计图终于在客户那边过了的时候，开心的她发了条朋友圈，那几个喜欢凑热闹的人，又跳出来说“哎哟，是晒给老板看的吧”“只有不经常加班的人才经常晒加班”之类的无聊话。

如果不是念在往日的同窗交情，她早把那几个无聊的人拉黑了。

据她观察，那几个喜欢在别人的评论区下面瞎评论、乱跳脚、把没分寸当直率的人，不是针对她，那几个人在大部分高中同学朋友圈评论区的留言都是酸了吧唧的语气。

她想：得，有些人大概是“八字带杠”，一天不杠别人浑身骨头都不舒服，只能靠杠别人、怼别人刷存在感吧。

现在她每次发朋友圈都会屏蔽那几个喜欢酸人的人，也把那几个人从她的“社交清单”里彻底删除了，避免了现实里的交集，从此耳根子清净了许多。

03

发朋友圈、评价他人要注意分寸，是当代基本的“朋友圈社交礼仪”。

人与人之间是有一条线的，凡事过犹不及。

所谓的高情商，就是说话、办事有分寸，而你的分寸感，决定了别人对你的印象分，是你最好的社交名片之一。“有分寸”最直白的定义，就是让彼此舒适。

我总结了一个“A-S-T-O-P”原则。

A：always= 总是。

“分寸感”常铭记于心，如果一句话，你在说出口之前有所犹豫，已经预感到对方可能会因此不开心、不舒服，那就应该提前闭嘴。

S：smart= 聪明的。

聪明地拿捏尺度，即使是很熟悉的朋友，一旦涉及对方的隐私，对方不提，则不必去问。

身边有几个富二代朋友，偶尔会在一起玩，大抵知道他们是家中住别墅、有很多辆车、名牌衣服包包随便买的经济水平，但他们从来不会聊自己家里是做什么生意的，既然他们避讳，我们自然也不会多嘴问。如果他们想说，自然会说。

T：time= 时机。

时机很重要，有很多话说之前是要看时机的。

比方说，你不能直接跟闺密说，她男朋友劈腿了，除非你有真凭实据、除非她也发现了端倪，否则你就是那个里外不讨好的恶人，在有直接的证据之前，你只能先暗示和铺垫。

又比方说，你的好朋友做了错事，但只要不是有持续性伤害的、非要当机立断的，完全可以等他心情缓和一点了再理性沟通。每个人都知道自己几斤几两，犯错以后都会心虚的，不用穷追猛打，让糟糕的时刻更糟糕。

O：occasion= 场合。

不同社交场景下认识的人，界限感是不同的，关系深浅不同的人，聊天的方式也不一样，你需要保持对应的距离和使用相应的话术。

我跟斯坦是多年的朋友，我偶尔会帮他改一些稿子，他也经常帮我拍照，我们是那种聊得来，也经常互帮互助的好朋友，不会计较对彼此的情感投入和精力投入的多少。

但我遇到过那种，只是在一个很普通的散局（我是这样定义“散局”的，有人牵头随便攒的局，没什么特定的目的和仪式感）上认识，当时也没怎么交流，隔天对方就让我帮她写个活动方案，免费的那种。我很尴尬，但没有碍于面子接受，果断拒绝了。对我来说，不碍于情面接受自己不喜欢的东西，是一种成长。我想对她来说，不贸然对他人提一些不该有的预期，也是种成长吧。

A 跟 B 关系匪浅，A 可以跟 B 开一些很荒谬甚至于尺度很大的玩笑，那不代表你也可以。

P：pattern= 模式。

关系不同，相处的模式也不相同，因人而异。

有的人交朋友很快，跟朋友散伙更快，有的人交朋友很慢，交一个就是一辈子的朋友。交朋友的过程中，最忌讳的就是交浅言深。你从来不必用揭露自己的小秘密、说他人八卦的方式，去换取另一个人的信任与亲近，那样并不得体，有失分寸。

如果你嫌 A-S-T-O-P 的规则太复杂，我们只要记住一句英文就好啦：always know when to stop，即“永远知道什么时候该闭嘴”。

如果你任何时候都是有分寸的，得体的，那是个很大的社交加分项。

人类的悲欢并不相通，我们选择跟自己和解

01

“大龄、单身、未婚”，这三个条件但凡满足两个，就会成为被“社会舆论”重点关注的对象。

很不巧，我也是其中一个。

上周，有个多年没联系的老同学Z，突然给我发了几条信息，彼此寒暄了几句后，得知当年高中班里比较冒尖的那一批同学，都结婚、生子、安定下来了，除了我。

Z好意地说了句，“该妥协的时候妥协吧。”

我正思索着该如何转移这个我并不想讨论的话题时，他又主动

抛出了一个新的话题，他说：“上海是个比较容易让人迷失的地方，但感觉你的精神世界很满足，其实我还挺羡慕你的。”

我回他：“是很自由很充实，但也很辛苦啦，各有所得吧。”

Z跟我，刚好代表了这个时代的两类青年人。

他是那类看过了外面的繁华世界后，毅然决定回老家发展的人。他选择了安定、可掌控，于是，几年过后，尘埃落定，有车有房有了稳步上升的事业，还有个属于自己的温馨小家。

我呢，另一类，孑然一身，还在外面打拼，执着于梦想和想要的东西的人，选择了动荡而且大概率还将继续动荡下去。在人生岔路口，做了不同的选择后，我们在各自的轨迹上奔跑着。

人生就是这样，你羡慕我，我羡慕你，你羡慕我精彩，我羡慕你安定。

02

上个月，跟朱美人聊天，她说，你好厉害，我现在才知道你都出过书了。

我笑笑，没什么厉害，只当是完成当作家的一个小心愿。

她说经常看到我的朋友圈，你在上海，很独立，生活很充实很精彩，好像也很知道自己要什么。

我也很坦白地告诉了她，其实我也很羡慕她。

我羡慕她，毕业后就在宁波工作，现在有个宠她的老公，还有两个特别可爱的孩子，一男一女，经常能在朋友圈看到他们家的日常，很甜蜜，很像都市轻喜剧里走出来的 90 后潮妈潮爸。

在那个寂静的夜晚，我们就这样隔着手机屏幕设想着对方的美好生活，羡慕着彼此。

有的人，羡慕我有想做成的事情，也有着清晰的人生目标。

但我偶尔也会羡慕，有些人，虽然还不知道自己要干什么，不知道要成为什么样的人，对工作也没什么特别的野心，可他们刚刚走入社会，人生还有大把的时光可以用来挥霍，我羡慕那种挥霍无度。

就如同我去年安慰工作上失意、生活上也瞎折腾了很久的朋友千河，安慰到半路，她自己突然想开了，她说："但我是 95 后呀，我还可以折腾很久呢。"

另外一些人，就算什么都不做，聊天过程中嘴里随意蹦出的几句"我爸妈怎么怎么的趣事，我们家怎么怎么的"，也足以让我羡慕很久。我一个人在外面生活久了，跟爸妈之间多少有些时差，很多东西都难以及时沟通，等到有想要表达的欲望的时候，事情已经过去不值得再拿出来说了。

03

在很多朋友的眼中，我是那种会发光的人，但他们不知道那些微光的背后也有很多阴影。

我没有太多叫“阖家欢乐”的记忆，跟父母的相处仿佛搁浅在上大学前。

从 2008 年到 2021 年，差不多 13 年吧，都是我一个人在外面生活，很多以前不吃的东西，现在慢慢也吃了，了解我起居饮食习惯最多的应该是我的合租室友兼好朋友。记得我生日的，每年陪我过生日的，也只有身边亲近的几个朋友。

不太敢回家，怕被催婚，因为在人生规划与价值选择上与爸妈无法平等交流。即使回去了，也快乐不过三天，一定会因为这样、那样的事情闹一些不开心。他们年纪大了，我又不想跟他们起冲突。

然后，我又很害怕，不敢认真看他们的脸，害怕看到他们身上的岁月流逝。我每次看到爸妈脸上被岁月磨出的褶皱，头上不断蹿出来的白头发，笑容掩盖不了的苍老，都会觉得自己很残忍。

站在他们角度，我无法顺了他们的心愿，早点结婚，早点生孩子，也算是一种自私吧。

但我试过了，始终没办法勉强自己，勉强自己去接受一个我不爱的人，无法勉强自己在还没有准备好的时候进入婚姻。跟我有类似心情的人，应该有很多很多。

所以，即便我谈恋爱，也很少跟他们说。除非，我百分百确定了，差不多就是这个人了，这个人是可以结婚的人了，对方也很确定，非我不可了，否则不会介绍他们认识。

遇到喜欢的人不难，遇到相爱的人才难，遇到相爱的、彼此的人生节奏又恰好在同一个拍子上的人难上加难。

这也是为什么越来越多的人单着的原因。

04

我曾经相信“完美人生”是真实存在的，相信有些人天生只有被别人羡慕的份儿，轮不到他羡慕别人。直到思露第一次跟我吐露心声。

思露是圈子里货真价实的白富美，不过她对家境这方面比较避讳，从来不主动提。

我从几个共同的朋友口中陆续得知，她家是温州的，父母主要在上海做生意，全国各地房产无数，住在上海郊区的大别墅里，除了偶然兴致起来淘几个好看的帆布袋背背之外，没背过两万块以下的包包，随手拿起来配衣服戴的一只表值二三十万，能抵普通人一辆车的钱了。

那次在 KTV，不会唱歌的她，一直灌酒，目光空洞，面露愁容。

我想问她怎么了，又不确定该不该多嘴，她平常像个小太阳，经常一副“天大地大快乐最大、天大地大本小姐最大”的洒脱脸。

喝到后来，兴许是情绪上来了，她主动跟我聊家里的事。我这才知道，其实她很孤独，从跟父母大吵了一架，搬出去后就很孤独。

越是有钱的家庭，越是会提前规划。

在她生活的圈子里，他们这类家庭的小孩，大多数过了 24 岁，都会结婚、生小孩，一部分是自由恋爱，另一部分相亲结婚、家族联姻。

她今年 27 岁，她爸隔三岔五地给她打电话，催她谈恋爱，问她怎么还不谈恋爱，是不是不正常，她妈呢，只要经济条件审核通过了，什么人都往她那塞，让她去见见，她去年一年见了太多“歪瓜裂枣”。

倒不说他们长得歪瓜裂枣，只是有的仗着家里有钱有势在外面玩得很厉害，还没结婚就提前放话，就算以后结了婚他还是会出去玩的不会改的，让她先有个心理准备。有的唯一的优点就是家里有钱、完全没脑子，有的是离异了有小孩还跟前妻纠缠不清，还有的第一次见面就带了几十页的婚前协议，说让她家里的律师先看看。

我原以为，有钱人的婚姻要比普通人的选择机会多很多，但我错了。她身边确实有很多家里有钱的富二代、创业开公司的富一代，但很少有能让她产生好感的人，但她也不愿将就，所以很痛苦。

她自嘲到现在一个梦想都没能实现，自己想做的事情总是被别的事情打断。

她不想在自家的公司里打杂，对金融杠杆和企业收购也不是特别感兴趣，自己去外面找了份工作，可她爸妈根本看不上她每月那点工资，从来不尊重她的想法、她的时间规划，每次她爸妈那边突然有个什么事她都必须到位，根本不管她还有班要上，还有别的事要处理。

她并不在意赚多少钱，可她想做点自己喜欢的事情，创造一点属于自己的价值，不依赖于金钱和家庭背景的价值，哪怕微不足道。

思露的故事，让我更加确信，每个人都有每个人的烦恼，这点与金钱和阶级无关。

我们都太习惯于仰望他人的幸福，而忘记珍惜自己所拥有的“珍贵”了。

05

我们每个人拿到的“人生剧本”都不一样，你羡慕我的时候，我也在羡慕你。羡慕来，羡慕去，念念不忘、耿耿于怀的，都是还没到手的，无一例外。

但我想，不论你处于怎样的位置，最紧要的是，你想要什么就去追逐什么，千万不要拧巴。

想要钱，就去赚钱。想要高质量的陪伴，就学会筛选朋友圈，交几个知心的朋友。不喜欢落单，要么强大内心，丰沛精神世界，要么就走到人群中狂欢。

这个房东很奇葩，房子隔音又不好，就把房东给炒了。这份工作不喜欢，就换一份。累了，想安定了，就想办法安定下来，换一份更稳定的工作，不用被动加班用命还钱经常出差的工作，买一套属于自己的房子，一线买不起，就二线，二线买不起，就三线，人生可以被人当攀比参照物的东西太多了，不要什么都跟人比，什么都比，什么时候才能比完啊，不累吗？要不然就结婚，找一个还不错的结婚对象，建立一个属于自己的小家庭。

想实现梦想，就往梦想在的方向狂奔。如果还不知道自己要什么，就多读点书，开拓思路，培养自己“独立寻找答案、解决问题”的能力。

总之，别把时间浪费在无益于问题解决的情绪宣泄上，也别把时间浪费在犹豫不决的人生选择中。退一步，就算你没能做到最好，离自己最初设想的还有一段距离，就算你当初选错了又怎么样呢，事在人为，总有转机。

人生这条路，得失很重要，大结局很重要，但你不能因为它们重要，就忽略了过程与沿途的风景。

当你慢慢长大，和时间一起变老，总有你在意的事物走向湮灭，你可能刚参加完晚辈的婚礼没多久，还没来得及咀嚼喜悦，就要去参加同龄人的葬礼，被交错的悲喜逼着感慨人生。

陪伴你很多年的宠物很可能突然死掉，容颜衰老、身材发福、记忆力退化、五官变迟钝等，这些自然规律，想抵抗却抵抗不了。于浩瀚的宇宙，于绵延的历史长河，人类都太过渺小，如沧海一粟，如弹指一挥，人类在时间尽头能抓住的东西不多，但是，那些有过的，心动、激动、兴奋、快乐、幸福、悲伤、难过等，这些东西造不了假。

生命像河流，意义在于流淌，就让那些心动、激动、兴奋、快乐、幸福、悲伤、难过等，在你的身体里流淌，填充你的深度，拓展你的流域。

人类的悲欢并不相通，但我们可以选择跟自己和解啊。

接受你就是你，与任何人都不同，也不必相同，接受生活的残缺，接受生活的不完美，拥抱快乐与成功，也坦然接纳自己的伤心与失败。李太白不是很久以前就说过了，人生得意须尽欢，莫使金樽空对月嘛。

请把你的少年感和少女心打包带走

01

栀子花很香，香得掸都掸不开，文雅之人讽刺栀子花品格不高，但汪曾祺偏要用栀子花的语气反驳，“去你的，我就是要这样香，香得痛痛快快，你们管得着吗！”

汪老一生，跌宕起伏，晚年才算守得坎坷见繁华，可他却从来没在文字里抱怨过，经常把“生活，是很好玩的”这句话挂在嘴边，从少年到老年，都依然是那个为栀子花正名的、幽默的、任性的老少年。

喜欢“披头士乐队”的人，一定对小野洋子这个名字不陌生。

日裔美籍音乐家？先锋艺术家？哲学家？女权主义者？她是什

么样的人？你很难回答，因为她很难被单一定义，她风情万种，神秘又绚烂，一个哪怕 80 岁依然不惧时间，敢于裸露，表现出位。

少女心像种在她心里一样。

那普通人呢？被时间洪流洗涤过，还能保持少年心性吗？

02

7 月份，我去北京出差，到第四天下午 2 点左右，完成了北京之行的所有客户拜访任务。

时间尚早，回酒店睡觉似乎有点浪费了，我便改了主意，打算挑家有格调的咖啡厅打卡。

网上搜了一圈后，发现位于三里屯的一家咖啡厅似乎不错，复古工业风装修，店面的整体色调偏暗，老钢琴、教堂椅的木框画的布置仿佛凝固了时间，适合我这种过路客。

果断打车过去了。

点了一杯冷萃、一块红丝绒蛋糕，坐在靠窗的位置，我刚插好耳机准备听会儿歌时，右肩上感受到了轻微的力度，似乎有人在拍我的肩膀，等我拔掉耳机、转过头，惊讶地发现 Z 学长就站在我身后。

他用一个微笑和一句“还好没有认错人”，打破了空气里的寂静。

Z 学长是我在人人网时代认识的网友，跟我不在一个学校，他的本科学校比我好，但我一直喊他学长，我们刚好还有别的共同好友，所以对他的各种风云事迹都有所耳闻。

没想到人人网都倒闭了，毕业五年从没联系过的我们，能在北京的咖啡厅遇上，还挺神奇。

除了留了小胡子之外，Z 学长的外貌跟大学时没太大变化，脸部的线条轮廓依然是我喜欢的样子，很硬朗，一身优衣库基础穿搭，脚踩一双牛津鞋，身材保持得不错，没有中年发福的迹象。

在潮男潮女聚集的三里屯，Z 学长的打扮很寻常，但对我来说，眼前微笑的这个人，脸上虽然有岁月的痕迹，却依旧像个意气风发的、有足够资本骄傲的少年，时间似乎对他很温柔。

03

“你好，学长，好久不见……”砍断曲折的思绪后，我镇定回答。

“你点餐的时候我就看到你了，越看越像，跑过来碰碰运气。你怎么跑北京来了？”

“我来北京出差，刚好下午没什么事情，来这边喝杯咖啡。”

“难怪，我说呢。我跟朋友在谈事情，快结束了，他待会儿就走，要不你过来跟我们一起坐吧，晚上我给你接风洗尘，不能你到了我的地盘，一顿饭都不请你吃，太不像样了。”

我有点惊讶，原以为Z学长只是过来寒暄一下，没想到还要请吃饭。

盛情难却，我好像也没有拒绝的理由。虽然我和这位Z学长只有过几面之缘，对他的好感，也更像少女对传说中的白马王子和爱马仕铂金包的盲目倾心，只在特定的时间里发酵，但我仍好奇这位大学时代的人中龙凤毕业后有着怎样的经历，继续着怎样的传奇。

在接下来的一个小时里，我坐在Z学长旁边的椅子上，听他和朋友聊天。

越听越觉得不对劲，他们毫不避讳地在我面前谈论生意和女人，言语之间充斥着男权思维的傲慢无礼，他以前不是女生多看两眼都会害羞的人吗？难道我记错了？

真令人大开眼界啊。

我有点后悔刚才一冲动把一整块红丝绒蛋糕都吃光了，咀嚼过的蛋糕在胃里翻滚，我随时能吐出来。努力地克制着心理上的不适，还好还好，我们坐在室外的一个小角落，要是被旁人听到了对话的内容，我怕自己承受不住旁人鄙夷的目光。

万万没想到，他乡遇故人的戏码，从惊喜到惊悚就只用了几个小时。

我的尴尬在饭后Z学长暗示晚上不想回去后，飙升成了愤怒，逃也似的上了出租车。

打车回酒店的路上，我一直在想这几年Z经历了什么，一个人的品性不是有延续性的吗？为什么从前温润有礼的人变成这般模样——粗鄙不堪。

清爽的少年感和令人不适的中年油腻葱，中间的距离可能有几百个浦东新区吧。

他身上的光没有了。

好可惜。

多希望，那些曾经发过光的人，曾经帅气或可爱的人，能跑赢世事浮沉和岁月欺人，不忘初心，保留些许少年气。泯然众人不可怕，可怕的是出走半生，归来徒剩一身油腻。

不是只有发福、谢顶、肚子凸起才叫油腻，那些中年发福却依然眼神清澈、保持可爱的人，就像是《超能陆战队》的大白一样，就算胖也依然讨人喜欢。

在我这里，“油腻”的定义早就被扩展了——公开场合满口脏话、讲话不带性器官就组织不好句子是油腻，背着另一半聚众讨论床上功夫是油腻，利欲熏心拜高踩低市侩俗气是油腻，除了虚荣攀比就没有别的人生追求了是油腻，纯粹为了金钱卖腐卖骚是油腻，自以为是玩弄人心也是油腻。

这个标准，不分性别，男女通用，并且随着对人性的认知深入自动更新释义条目。

04

如果说人类是时间的作品，那少年气和少女感便是时间送给我们的礼物，弥足珍贵且容易消耗。

从这个角度看，时间如同一个性情乖张又偏心的设计师，粗暴地在一些人的脸上和心上乱捏一气，猛划几刀，留下不可磨灭的疤痕，让他们成了艺术上的残次品，但却对另一些人百般呵护，小心翼翼地在他们身上留下岁月的痕迹，尽可能保持构成他们材质的纯粹，不去破坏他们与生俱来的美感。

小熊猫是我大学的同班同学，也是我们班少数几个毕业没多久就闪婚的人。

第一眼望过去，她是那种会读书、容易讨老师喜欢的乖乖女，没什么个性和脾气，但你千万别被她的温顺外表给欺骗了，只有相处以后才会知道，她是个特别鬼马、特别可爱、特别有想法的人。

我们大学时住同一栋女生宿舍的同一个楼层，除了日常上课之外，交集并不多，但足够你去发现和认同她的美好，她是那种做什么事情都能满怀激情的人，不论是写剧本、演话剧、追男孩子，还是分享保持爱情新鲜的秘诀，她总能做出点样子，弄出点惊喜来。

毕业后，微信是我们的主要联系方式，她的微信签名是：唯爱与自由不可辜负。

我看着她，工作又辞职，从宁波到山东，结婚，生孩子，后来又搬到东京生活。按照一般的剧本，她的生活似乎该从此归于平淡，成为一个普通的妻子、妈妈。但她没有，她没被生活改变，她还是那个自信、充满活力的少女——小熊猫。

她有时宅在家里写小说，有时跑去咖啡厅写，把生疏的英语又捡回来，认真学日语，做萌萌的手账，自制各种好玩的物件，还跟大学时代一样，喜欢亮亮闪闪的东西和 JK 制服。

在电视和杂志上看到喜欢的帅哥时，会很开心地与老公分享，“你瞧，那是我的新男朋友”，听我聊完姐弟恋的甜蜜与困境后，能无厘头地冒出一句，“我另一个好友找了二十出头的男朋友，跟你说的话简直一模一样，你们的剧本都是从哪里拿的，也给我发一个，我也想跟可爱的小男生谈恋爱呀。”完全不会考虑她老公在一旁会不会吃醋的问题。

她像是活在日本小清新电影里，少女心一直都在，你根本感觉不到她是一个人妻和新手妈妈。

我想，成年女性的容颜和心态，跟她们的另一半有莫大的关联，好的爱情和好的婚姻能够滋养女性，让她们保持自信与美丽。或许，她有个万里挑一的好老公，有性格很好的公公、婆婆，生活没有刻意为难她，所以她才保持了少女心，保持了这份天真无邪？

05

但我很快否定了这种想法。

承认别人出彩确实有难度，但否认他人的出彩，也只不过是给矮小的自尊心临时穿上内增高，短暂地拔高自我罢了，改变不了问题的本质。我更认同，只有能发自内心地认可和欣赏他人长处的人，才能更快地成长，才能从精神上高大起来。

再进一步说，真正有少年感、少女心的人，懂得如何自我滋养，会主动发掘生活的乐趣，能从平淡生活里雕出一朵花来，时间根本拿他们没办法，只好宠着他们。并且，他们也值得。

我们得承认，时间的偏心也没到丧心病狂的地步，变好变坏，美好丑陋，最终取决于我们自己。

发过光的人，请你不要黯淡。请不要弄丢了少年感与少女心。

如果你问我有什么保持少年心性的秘诀，我想，大约是：比起身份证上的出生年月日，你的心理年龄更重要，要像王小波说的，永远年轻永远热泪盈眶。保持乐观，不抱怨生活。诗酒趁年华，在最好的时光里勇敢去做喜欢的事情。

没有人可以定义你，别被世俗观念绑架。适当地抽离，别把生活太当生活了，是你在体验生命，别让生命体验你。

健康第一位，适当地健身，保持身材。打针不可耻，微整形也可尝试，但记得找靠谱的医院、靠谱的医生，切忌贪心。明星的经济实力和资源，远超大多数寻常人，但打针、整容弄到脸都僵了离开修图根本没法看的也不在少数。

请把你的少年感少女心打包带走。

异地恋终极指南

01

又甜蜜又苦涩，是异地恋逃脱不了的魔咒，谈过的人自然懂。

跟大多数谈异地恋的女生一样，喵喵的男朋友“活”在手机里。男友阿光是她割舍不掉的二分之一，但他却没办法陪在她身边，他们不能耳鬓厮磨、经常见面。

喵喵的爱情有时差，她和男友不在同一个城市，生活圈子没有交集，作息有时差，生活节奏有时差，情绪状态有时差，甚至于对这段感情的打算和期待的将来都有很大的时差。

一度单曲循环的《孤单北半球》，像是专门为他们写的歌。

毕业后，喵喵选择留在上海工作，男友阿光决定去墨尔本读研。

他们一个在北半球，一个在南半球，中间隔着浩瀚无边的太平洋。上海的气候和墨尔本刚好相反，她热汗黏人的炎炎夏日，是他要裹紧大衣扛风的阴雨冬日。

墨尔本的天气阴晴不定，一会儿一场大雨猛浇，一会儿又挂上大彩虹，像极了他们变幻的爱情。她穿着吊带连衣裙头顶大太阳去便利店买冰激凌的时候，他正裹着大衣站在室外某个垃圾桶旁抽烟。

他们习惯了每天互道早安、晚安，约定了每天视频，却还是被“南北差异”巨大的生活节奏打断。

11 月，喵喵的作品拿了国内一个平面设计大赛的银奖。

午休时间，她兴冲冲地跑到公司的天台想跟阿光视频，打了五六次都没人接，对她来说，迫切分享的渴望如果不能第一时间被满足，情绪就会立刻被失落感填满，瞬间颓掉。

等阿光终于跟教授碰完某个建筑作品的设计初稿，从一大堆修改意见里脱身，给她回过去的时候，她人已经在一个新项目的启动会议上了，只好不情愿地按掉电话。

12 月，平安夜，6 点多，还没下班，同组某个长发小姐姐的男朋友就早早地抱着玫瑰和礼物，在公司楼下大厅里等着了。组长不是不近人情的人，就放了小姐姐去约会，自己留下和喵喵一起改被客户否了 7 次的设计稿。

喵喵刚进新公司没多久，男友又在国外，好像真的找不到平安夜不想加班的好理由。她气别人约会她却在加班，气男友不能陪她，更气他连礼物都忘记准备，一看到他的电话就来气，根本不想接。

另一头，阿光刚跟不靠谱的卖家交涉完，一脸焦虑地打着电话，想跟喵喵解释，他没忘记礼物，他订的那家店，厄瓜多尔黑玫瑰卖脱销了，他的那一单根本就没正常发货。

由异地、生活状态不同产生的时差交错，在喵喵和阿光中间拉扯，常搞得彼此心力交瘁。

不能及时联系到对方，不能经常见面，有了渴望分享的喜悦不一定能第一时间传达给对方，自己状态糟糕的时候对方也没办法跑过来安慰，重要的节日不能在一起庆祝，对方回信息的速度慢了，电话没及时接到，去了有单身异性参加的局，这些都是潜在的危机，矛盾的种子，吵架的导火线，稍有不慎就能爆发一场激烈的争吵。

连续很多次都是这样，弄得两个人都身心疲惫，喵喵动了无数次要分手的念头。

02

我也谈过惊天动地的异地恋，那时候跟男友差不多每月见一次，所以很能对喵喵的感受感同身受。

比起同城恋爱，异地恋要耗费更多的心力去经营维系。我的一个好朋友就老开玩笑地说，你怎么还不分手？为什么想不开谈异地恋？打死她都不要异地恋。

异地恋是很辛苦，但有时候喜欢上谁不是我们能主观决定的，喜欢了就是喜欢了，既然已经谈了异地恋，就想办法让因异地恋产生的漫长寂寥和生活空白不那么难熬呗。

在谈异地恋这上面我也算颇有心得了。

我想，有很多种方法能让你的异地恋经常“隔空发糖”，不用太辛苦。

经营好任何一段感情的重要前提是彼此信任，彼此忠诚，并不断稳固信任的基石。

一段感情，最大的杀手莫过于欺骗、变心、背叛、猜忌。在我看来忠诚的意义从来不是，我先答应你对你忠诚不管做不做得到，而是，我决定了对你忠诚，并且努力做到。

听朋友 L 提过，他女朋友让他把 QQ 上的异性好友都删得差不多了，微信也不可以乱加人，还经常抽查他手机。

我总觉得一段关系到了要经常查对方手机，才能确保对方的“忠诚度”是一件非常可怕的事情，这中间的怀疑猜忌纠缠会把两个人都折磨得疲惫不堪，太透支爱了。

我跟男友都知道对方的手机密码，他的手机设置了我的面部识别，我想看很容易，我的手机他也能随时看，不光是手机，我们的电脑、iPad 的密码都是公开的，但我们从来不会去翻查对方的隐私。

到了要靠“侦查技术”才能验证对方真心和忠诚的阶段，已经太晚了。所以，尽量不要走到这一步。

在大部分人的认知里出轨这件事只有 0 次和无数次。

人与人之间的信任就像一层塑料薄膜，好好地放在那里，油水不进，彼此相安无事，要是有谁没忍住，手贱把它戳破了，那破了就是破了，再怎么修复都没办法恢复如初，重塑信任的。

律己，才是忠诚的第一步，也是最重要的一步。对于谈异地恋的情侣来说，更要把“律己，忠诚”的意识牢记于心。

然而，信任是需要前提条件的，信任额度是建立在深刻了解和频繁联系上的。

谈异地恋的情侣们，可以通过经常沟通，让对方了解你当下的工作、学习状态，了解你最新的生物钟和交集圈子里有什么新消息、每周约定固定的时间打电话或视频连线，通过电话及时接、信息及时回等方式，来稳固彼此信任的基石。如果不凑巧你们约定的计划被什么别的事情打断了，一定要事后解释说明，以避免不必要的误会和猜忌。

只有当你们虽然异地，你依然大致能在脑海里画出对方的日常生活轨迹的时候，你们的感情才不容易因琐碎的小细节产生无法挽回的裂缝。

人性是经不起考验的，异地恋老见不到面，确实容易见异思迁。

有什么办法，就算两个人没办法经常见面，也能让另一半总能想到你呢？答曰，把对你的联想变成习惯。

心理学上说，养成一个习惯要 21 天，人是依赖于习惯并且容易受习惯影响的动物。

我很喜欢奥黛丽·赫本，曾经用她的那张经典的黑白正面照当了很久的微信头像。

后来有一次，我的一个朋友去欧洲旅行，突然给我发信息说，我在罗马看到你了。我当时很惊讶，我明明人在国内啊，他肯定认错了。

结果他说，不是啊，我看到一张奥黛丽·赫本的海报了，巨大一幅，就是你当头像的那张。

不断的刺激会形成长期记忆，所以，可以试着在对方的生活或记忆里，留下属于你的独特符号，它可以是刻了名字的情侣手环，可以是像皮卡丘这样可爱的玩偶，也可以是某个独特的小习惯，蛋糕只吃草莓蛋糕，苏打水里面一定要加百香果和薄荷叶。

这样，他就会常常睹物思人，走到哪儿都能想到你。

再者，两个人相爱，离不开荷尔蒙的分泌，但异地恋产生的距离、无法触及彼此和潜在的矛盾危机却在不断地消耗曾经让两个人炙热相爱、心潮澎湃的荷尔蒙。

所以，你需要培养专属于两人之间的小情趣，好让心动和爱持续得更久一点。

在电影《爱情麻辣烫》中，郭涛和徐帆饰演一对正在经历感情危机的夫妻，他们的日常生活无趣、死气沉沉，彼此都在积累对对方的失望和怨气。直到一次偶然的契机，两个人在玩具上找到了快乐，之后便一发不可收拾，家里买了很多玩具，把家务都变成了游戏的一部分，感情也越来越好。

不要忽视“玩”的力量，对于恋人来说，能玩到一起很重要。有很多方式可以玩，比如语言角色扮演，它是一种二次元文化，特指用文字来表达设定的背景、动作、语言和心理活动，以达到精神层面的交流。

我有个朋友菜菜，经常是最近在追哪个剧，就用那个剧里的角色和场景设定跟男友发信息，而他的男友通常是会心一笑后，立马接住她的梗，两个人你来我往地“演戏”，乐此不彼。

又比如电话游戏，或者叫电话综艺。格子很喜欢追《奇葩说》，每次遇到喜欢的辩题时，她都会跟男友在电话里分别假装正方和反方，好好辩论一番。

当然，她偶尔也会用手机小号或固定电话，假装各种奇怪的客服、电商售后等，在电话里捉弄她的男朋友。

除此之外，还可以尝试“隔空看电影”（约定一个时间，一边视频，一边看电影）、“异地同食”（约定某一天吃同样的食物）、“在网易云音乐上，为对方定制一周歌单”，等等，完全可以基于你们双方的兴趣、爱好，去开发适合两个人玩的小游戏。

03

涉及两个人交往的重要事项一定要约法三章，先把规矩立好。

比如，每天保证通信畅通。不可以无故玩消失、长时间联系不上需要提前报备。尽可能多见面。情侣之间长久不见面不是个办法，要保证一定的见面频次。我个人觉得每月一次最少了，除非条件实在是有限，像跨国恋的话至少3个月或半年见一次吧。

如果非要吵架，就高质量吵架。

吵架吵得厉害又没有结果的时候，一定要有一个人先站出来喊停，尽量不吵隔夜架。同时，既然吵架了，架也不能白吵，吵架怄气要适当地复盘，可以不用很正式的形式，但要保证自己内心有一个相对客观的评判就可以了，下次再遇到类似的问题处理起来就更有经验了。

吵架如果能吵得巧妙，是可以增进彼此感情的。

比如，互相体谅。

遇到问题时，男生要试着去站在女生的角度思考，照顾女生的心理感受，女生则要懂得适可而止、见好就收，不要放任自己掉进情绪化的小黑洞，作天作地折腾彼此。

同时要充分表达情绪。很多感情走到最后分道扬镳都是由不沟通、低质量的沟通导致的，两个人有心事、不满都憋在心里，谁也不说出口，这是很麻烦的，想让一段感情健康地发展，一定要积极沟通，充分表达情绪。

再有，减少不必要的矫情。

朋友小 H，突然有天跑过来问我，你跟男朋友是每天都发信息吗？我说，是啊。

那每次是你先找他，还是他先找你？我说，都有啊。

她又问，那如果不是他先给你发信息，你不会生气吗？我说，干吗要生气？她说，那你不觉得要是总是你去找他，有点掉价，不被重视吗？听完她最后一个问题的我，满脸问号。

我没想到，都什么年代了，她还会这样想，更没想到一旦男朋友没有先给她发信息，她就会陷入纠结中。

我承认，如果两个人处于暧昧期或者刚在一起，女生天生就比较敏感，所以很容易纠结于谁先联系谁这个问题，但一旦交往有一阵子了，感情进入了相对稳定的轨道，就没有必要再纠结“谁先找谁、谁先给谁发信息”这种问题了，如果老是纠结这种小问题，那恋爱谈得也太累了。

重要的不是谁先给谁发信息，重要的是他平常回你信息和电话的态度，以及他有多关心你。

爱情像一面双面镜，一面照童话，一面照现实，异地恋要想长久，一定要“未来可期”。

茫茫无期的爱情很难坚持下去。不论两个人有多么相爱，一直异地恋也不是个办法，最终还是要在同一个城市生活的，异地恋要想修成正果，一定要提前规划，每个人都要为对方做些妥协，去另一半所在的城市生活，或者干脆两个人商量好，一起去一个第三方城市定居，毕竟异地恋有保质期。

异地恋也不全是坏处啊。

谈异地恋的情侣虽然不能经常腻在一起，但这意味着彼此有更多的时间和空间，利用好了能提升自我，各自成长。

恋爱谈得投入的人总会夸下海口许下各种离谱的承诺，但我觉得，即便将来两个人没能走到最后，但为了共同的将来而努力这件事情本身就很浪漫了。

人生那么长，往后的事情谁知道呢，爱的时候全心全意爱就够了。

每座城市的斑马都在深夜里失眠

01

每个离开故乡去追逐的人，都像是离群索居的斑马，而每座城市的斑马都在夜里失眠。

北京时间 0 点 49 分，骑着单车，你会去哪里？

11 月，凌晨，北京街头，三个姑娘对抗着夜里寒冷的风，骑着单车奔向后海。

那天，刚做完一个项目，我们几个拖着一身疲惫回到酒店，累到连妆都懒得卸，想直接躺下与 1.8 米的床来个深度亲密接触。

奈何，扛不住 M 小姐一脸的恨铁不成钢。

“难得来北京出趟差，还打算带你们去三里屯的夜店见见世面呢，这大好时光就这么浪费了？你们两个啊，太弱了——快，化妆、换衣服……”

呈A字形斜躺在床上的我和西西相视一笑，如果这个对话场景持续时间再久一点，我们是不是可以先灵魂出窍去和周公约个会再回来？

夜店实在是吵，不太适合我们这种中年佛系女青年，加上我们三人出差带的衣服对三里屯的夜店而言，显得忒商务和突兀，最终一致决定去后海随便找个酒吧喝一杯。

常年保持跑步锻炼习惯的M小姐体力很好，远远地把西西和我甩在后面。

夜风很凉，穿着高跟鞋踩单车的我，十分吃力。

刚开始知道是骑车而非打车去，是八百分不情愿的。但双脚高高低低地踩着踏板，身体里的暖意缓缓升腾后，心情就切换了个频道。

与白天不同，凌晨的北京，静谧而又祥和，或许是夜用它的漆黑如墨和寒冷如冰吞噬了白天的汹涌人潮和鳞次栉比的破碎梦想。

风在耳边低声浅唱，街上的梧桐树影婆娑，身为过客的我，穿梭其中，握紧了一种叫“低沉”的快乐。

飘浮的思绪一直蔓延。

不知道这个点儿北京还有多少人没有睡？

有多少人站在阳台上，望着万家灯火，惆怅地抽着烟？有多少人妄图用酒精麻痹神经，再一次醉倒在路边？有多少人在空旷的办公楼里熬夜加班，拿着与预期不符合的薪水艰难度日，宽慰自己终有一天会圆梦逆袭？有多少人在三里屯的灯红酒绿狂躁音乐里沉沦，挥金如土？有多少人开着颜色、车标扎眼的跑车，在长安街上飞驰而过？又有多少人日复一日地尬演着并不适合自己的角色？

这些答案，大概只有常年盘踞在这座城市上空的雾霾才知道。

02

在后海酒吧一条街上消费的酒吧客，年龄参差不齐，80% 是中年人，想必更年轻的、更爱玩的那一批人现在更喜欢混迹三里屯和工体周边的酒吧，那里比后海更鲜活、更刺激、更纸醉金迷。

来回走了两趟，选了位置显眼、有驻唱乐队的一家店，店名叫“后海三人行酒吧”，怀疑是三个脾气相投的人共同开的。

乐队主唱约莫 35 岁，穿一件简单的 T 恤，戴一顶黑色鸭舌帽。

正对着舞台的一桌客人，酒意浓烈，声音刺耳。

那桌有个胖客人，摇晃着站起来，甩出了一百块给酒吧的服务员。只见那个服务员小哥走到了舞台边和主唱耳语了几句。

主唱握着话筒的手停滞了一会儿，对着点歌的客人说：“不好意思，我能帮您换首歌吗？”

“你几个意思？哥今天就要听《北京，北京》。”客人喘着粗气，大声说。

“别的歌都行，这首歌有太多事情了，我真唱不了，要不——”没等主唱说完，那胖子用手指着舞台骂骂咧咧起来，如果不是服务员和同桌的人拦着，随时能冲上舞台搞些事情。

后来，应该是老板出面了，说了些好话，送了点酒水，把钱退给了客人，主唱继续唱歌。

点歌时间即将截止，凌晨 1:30，我叫住了服务员。

拿着话筒的主唱，望向了我们这桌：“这是今晚的最后一首歌，你想好点什么了吗？”

“我有点纠结，《平凡之路》《贝加尔湖》——”

“这两首都不错啊……”

“《平凡之路》是我们都很喜欢的歌，《贝加尔湖》是对我和小花有特别意义的歌，是对小花有特别意义的歌。”

“《贝加尔湖》很好，《平凡之路》也不错，还真是有点难选……”

他低头，笑了一下。

“那就《贝加尔湖》吧！”说完这句，我给远在上海的小花发了微信语音邀请。

背后是发着蓝光的 LED 大屏幕，舞台上落着黄绿色的光，他安静地坐在那里，边弹吉他边唱《贝加尔湖》，声音有些低沉和沙哑，冷冰冰的酒吧空间变得好温柔。

如果说《贝加尔湖》是远居山林的诗人微醺过后的信手拈来，那黑色鸭舌帽主唱的《贝加尔湖》倒像是天桥山的流浪者弹尽烟灰后的自娱自乐。他们两个，人生际遇不同，唱法自然各有千秋。

等他唱完，我们这桌人用力地鼓掌。

“你们是来北京玩的吗？”他问。

“出差，我们明天就回去”我答。

几分钟过后，他又说话了：“今晚的最后一首歌，送给那边的朋友。”

于是，在北京出差的最后一个晚上，我听到了很多喜欢的歌。不能再圆满了，虽然北京的凌晨真的很冷。

03

那首《北京，北京》还是听过的，也为歌词感慨过。

“我在这里欢笑，我在这里哭泣，我在这里活着也在这儿死去……”

酒吧的主唱一定是个很有故事的人，他在北京这座城市里一定经历了很多，好的、坏的。他那么坚持不唱《北京，北京》，心脏内壁上一定刻着很多很多回忆。

青春是怒放的生命，像梦一样自由，又像花火一样无处安放。

信仰在空气中飘荡，每一个带着梦想抵达的人，都希望在北京飞得更高。他们都热爱生活，又生来孤独。可是，一切都会流走，像是硬币、尘土、风中的玩偶、哭泣的拳头和勇敢的心。

在那些没事干的空空如也的寂静的午后，在长安街上，边走边唱破碎的歌谣，严重怀疑自己是美丽世界的孤儿。无名之辈的人生，生来彷徨，像那被薄雾笼罩的、停靠站点不明的寂寞列车，在旅途中等待光明。

那些在雨中哭泣过的人，真的需要集成一百万吨的信念，才能不抛弃、不放弃。

闪亮的日子在哪里？现在，或永不？流年啊流年，能奈你何？

北京是一座巨大无比的、有着铜墙铁壁的围城，围住了无数年轻人的青春、梦想、信仰和爱情。

围城里人潮汹涌，到处都是故事，总有人哭，也总有人笑。

北京大气，上海精致。北京有四合院，上海有小胡同。在北京你得懂规矩，在上海你得守规则。北京政治文化氛围厚重，上海经济生活气息显著。但本质上，在这两座城市里漂泊的、每天昂着头为了梦想奔跑的年轻人，是一样的。一样的高傲又卑微。

我在上海住了也快十年了，换过八九个住处，最高纪录一年搬了两次家。

每次搬家的过程，都伴随着一种抽筋扒皮的强烈疼痛和深刻的哲学命题探讨：怎么又要搬家了？上海的房租怎么那么贵？毕业后兴冲冲地跑来上海是怎么想的？我会留在这里吗？还是终究会离开？

搬家的理由也大多不可抗。可能是因为房东临时要收回房子，也可能是换了新工作离原来的住处太远，只能再搬，又或者是原先的室友要离开，一时之间找不到合适的新租客，一个人又负担不了一整套房子的费用，只好搬家。

可这绝对不是我一个人的经历，离开了熟悉的土地，到一片陌生的土壤里生长的人，都一样。

在上海，少说也有几百上千万同我一样的人。

2016 年，我还住在杨浦财大附近的一个小区，租约到期加上工作变动，只好搬家。搬家前一晚打包行李，那叫一个干劲十足、气势昂扬啊，还口出狂言能在 2 个小时内把所有东西打包完毕，晚上 10 点前能上床睡觉。结果可倒好，不到 9 点，整个人已经呈现出一种萎靡不振的状态。所有的东西被我分成了 3 堆，能送人的、能扔掉的和以后还要用的。

刚开始，手机里放的是电音和摇滚，一边打包一边随着音乐摇摆，嗨得不行，再后来，腰又酸又僵，换了个轻音乐的歌单，到最后，干脆瘫倒在地毯上，四周一片狼藉，单曲循环《贝加尔湖》。

慢慢，焦灼绝望的心情平静下来。

末了，还去小区对面的便利店买了几瓶鸡尾酒喝，假装在后现代工业颓废风的酒吧里放松。甜的东西，可以变苦；苦的东西，也可以变甜。

人生啊，说到底，不过一场起承转合。

04

隔天忙碌了一整天，乘地铁回家，接到了妈妈的电话，一再叮嘱我好好照顾自己。

斜穿上海的 1 号线每天都挤到爆炸，都惹得我那个一向清新甜美可爱的好室友在朋友圈怒发了“每天坐地铁瞎挤没有男女老少之分谁挤上去了谁就是赢家”的感慨。过了下班的高峰期，那天的地铁还相对宽敞，双脚可以轻松落地，扶手也有的选。

心想，还好人不多，就算我哭了，应该也不会被别人注意到。

记得，刚毕业那时候，妈妈总会说，你要认真工作，好好照顾自己，教师资格证有空可以去考一下，谁家的姑娘在外地工作了几年又回去了，谁家的孩子考上了公务员。

后来，她再不那样说了，她换了新的台词和风格，她会反复跟你强调，工作不要太辛苦了，要多吃点有营养的东西，家里不用你操心，有空出去玩玩，别一直闷着。

她开始放弃“大家长式”的风格，给予我更温热、具体的关心。

在表达爱方面，中国人确实不是很擅长，尤其是父母与子女之间，太多的父母与子女之间保持的是又爱又拧巴的关系，明明心里在乎，嘴上总要杀个千百回合。可孩子一旦长大离家，一旦长年不在家，因空间变换制造的距离感，就把父母的心磨柔软了，也把孩子的心磨柔顺了，亲子关系反而更融洽了。

每个城市的斑马都失眠。懂点动物学冷知识的人知道，斑马是群居动物，孤独一只是怎么也睡不着的。长大后，离开熟悉土壤的我们，特别像离群索居的斑马，容易在深夜里失眠、痛哭、买醉、说疯话、干蠢事、摸索生命哲学和用力钻牛角尖。

我们这样的斑马，命里注定会离开族群，奔向一个又一个未知的远方。

现在回头，就输了，不回头，还有机会赢，这是多少斑马午夜梦回的执念。

这是我的宿命，也是你的。

如果你生活在上海，0 点 49 分，骑着单车会去哪里？

如果是我，会在外滩的万国建筑群里穿梭，路过外白渡桥，路过金陵东路，邂逅巴洛克式、罗马式、古典主义式和文艺复兴式鳞次栉比、风格迥异的一栋栋高楼，隔着黄浦江，遥望对岸的灯火辉煌，用身上的每个毛孔吮吸历史、未来、沉痛和自由。

夜很孤独，也很难熬，可它控制不了自己，像是个无比自私偏激的放大镜，肆意放大一切烦恼和痛苦，对人间温情和细碎美好装聋作哑，用尽一切心思和手段把所有人都拖进黑暗的泥沼。

如果你遇到这种时刻，不妨先把生活放一放，静下心来呼吸，天亮以后，再想明天。

大都市的温暖，
盛在你经常光顾的小饭馆里

01

像北京、上海这样的大都市，风云汹涌，光怪陆离，生存压力巨大，每个人都带着目标出发，每个人都在忙着为生计、为梦想奔波，人与人之间大多是冷漠疏离的，照看好自己的生活已属不易，哪里还有心思去管别人的酸甜苦辣，你来不及驻足好好地闻桂花的芬芳，你来不及耐心倾听别人的故事，你甚至来不及去对另一个人认真心动。

然而，再坚固的堡垒上也总能找到缝隙，铁汉亦有柔情，人心终究很难拒绝温暖，你总能在一个或明媚或糟糕的天气里，邂逅盛在你经常光顾的街边小店里的温柔。

这是我经常光顾同一家店最大的原因之一。

毫不夸张地说，我在上海工作的六七年时间里，浦东、普陀、长宁、闸北（现在是大静安了）、杨浦、徐汇几个区都住遍了，每换一个住处都免不了一阵子动荡不安。

所以，我每换一个新住处，都会挑一家喜欢的店熟悉起来。不光是为了那被记住的喜好，更是因为贪恋沐浴充满了人间烟火气的人情与温暖。

02

每个人都喜欢自身需求被尊重和重视的感觉，尤其是当你人微言轻，身无长物地置身随时会被汹涌人群埋没的繁华大都市里。有时，小店带来的温暖来自那些被记住的习惯和喜好。

我在中山公园附近的一家广告公司待过两年，熬夜加班写方案是常有的事儿，和大部分应届毕业生一样，初出茅庐加上跨专业就业，没有靠谱的能力背书，没有能跟老板谈薪资的筹码，我所能够拿出来打拼的就只有年轻与一腔热血，对加班自然也甘之如饴。

头痛的是，自打华东师范大学附近的夜宵摊被整治，半夜 12 点以后几乎点不到外卖，夜里饥肠辘辘地坐在电脑前干活实在难熬，隐约听到的机房里窸窸窣窣的老鼠的声音，更渲染了萧瑟的氛围。

那时候，最能抚慰我心灵的莫过于单曲循环柯有伦的《零》和来一顿麻辣香锅。我会在饿到脑子晕晕乎乎无法思考的时候，打车去亚新生活广场对面的那家麻辣香锅。

除了一夜暴富，没什么比热气腾腾的美食更能在深夜里抚慰身心俱疲的都市打工人的心灵了。

我经常夜里一个人去那边点麻辣香锅吃。

慢慢地，老板娘和服务员也都认识我了，知道我喜欢的“标准配置”是什么。

见我来了，他们多半热情地说一句：“来啦，老三样？”得到确定答复后，不到半小时，便会端上一份三荤四素重辣多放香菜的麻辣香锅、一罐三得利啤酒和一碗米饭。

从窗户望出去，是一片葱郁的小竹林，那是我最喜欢的位置。

竹林是店旁的小区里的业主种的，翠色欲滴，竹子身材纤细却不妨碍一身骄傲，在黑色的幕布里朦胧的灯光下，随晚风轻拂，那样子让人欢喜，不知名的角落里更燃起了某种奇妙的希望。

竹子不需要文人骚客的笔墨见证才能自证品格，同样，你也不需要因为他人几句赞美就晕头转向，几句否定就动摇自己。生活的主动权应当掌握在自己手中，再坚持一下，生活总会越来越好的，你终能自己证明自己，终将发出耀眼的光芒。就那样，一边吃饭，一边自我治愈。

长大后，很多细碎心事都不便与人言，只适合默默地藏在心里。

尽管老板娘和服务员小哥哥都不知道我在想什么，他们只当我爱发呆，默契地给我留一个靠窗的位置，不管我是白天逛街路过去吃饭，还是晚上专程打车去觅食。

虽然那家麻辣香锅店的装修很简单，但我每次在那边吃饭的时候都特别舒坦。

有一次在店里吃饭，接了个电话，挂完电话后，我的眼泪啪嗒啪嗒就下来了，不敢发出声音，不想让别人看到我在哭，我刻意把自己藏在店里的一个小角落里默默地擦眼泪，老板娘不知道什么时候走过来了，轻轻地拍了拍我的肩膀，放下一包餐巾纸，然后又继续忙活了。

她什么都没有说，但就偶然交汇的陌生人而言，那点善意对我已然足够。

03

有时，小店里的温暖是超出预期的美食和不期而遇的小惊喜。

我在中山北路也住过一段时间，小区附近有家大红色招牌的川菜馆。

典型的夫妻小店，听老板口音八成是安徽人，老板娘妥妥的四川人。老板在后厨炒菜，老板娘在店里招呼客人，一个人管点单上菜结账。

我最爱他们家的牛肉砂锅，牛肉切得很粗犷，块大肉多，不像拉面馆里的薄片牛肉，小气得很，加上劲道Q弹的红薯粉、白嫩的千张丝、色泽红润的干辣椒和葱姜蒜，在寒冷的冬日里，实在美味。

哪怕当天心情很糟糕，点一份牛肉砂锅，唇齿咀嚼过美味，胃里升腾起暖意后，就一点都不丧了。

他家另外两道我爱吃的菜，分别是香葱炒花蛤和西芹百合。

我这个人要么不吃饭，一旦认真吃饭就非常规律，每顿一荤一素或两荤一素，再加一碗米饭，酒呢，不怎么爱喝了。大部分独自下馆子的时间，除了想犒劳自己，就是想发泄坏情绪，想靠大口的吞咽和认真的咀嚼来抵消掉难过和惆怅。

想来，我总是在差不多的时间去同一家店点差不多的菜，所以很容易被小饭馆的老板娘记住。

偶尔也想换换口味，可往往拿着菜单翻了好几遍，最后还是点了经常点的那两三道菜，拿着笔站在一旁耐心等着我点菜的老板娘，一脸了然地笑笑，然后把菜单又收回去。

从我第三次去那家店吃饭开始，老板娘每次在算账时都会帮我把零头抹掉。我自然不差被抹掉的那几块钱，也从不把它往老板娘维系老客的经营策略上想，在独在异乡为异客的故事背景下，我更愿意把它看作是人与人之间的一种淡淡温情。

情义二字的分量太重了，不是所有人都能妥善处理，对于同在大都市漂泊的陌生人而言，一点点的善意就刚刚好，自己不用过度承担，善意接受者也不必有压力。

老板娘有个女儿，名字叫琪琪，她经常扎两个可爱的羊角辫，穿一件粉色毛衣和蓝色背带裙，趴在店里的餐桌上玩洋娃娃或是看图画书。

有时候，接的外卖单子多了，后厨忙不过来，点了很久的菜一直不上，我无聊地玩手机，她就会悄悄凑上来，“姐姐姐姐，你陪我玩会儿吧。”“姐姐姐姐，我们一起看小猪佩奇吧。”“姐姐姐姐，你看这个书包是我小姨给我买的，好不好看……”“这个是白雪公主，妈妈说我也是白雪公主……”

老板娘有时候会把她揪回去，让她别打扰我，可是没过多久，她又跑回来了。她像个小蜜蜂一样，在我耳边嗡嗡嗡地念经，但我却不嫌她烦。

毕竟，我在陪她玩的时候，她也在陪我嘛。

过完冬天后，我换了份新工作，又要搬到别的处住，临走之前，我收拾了很多以前在游乐场抓的娃娃，装了一大袋，送给老板娘的女儿玩了。

后来，有次实在是馋牛肉砂锅了，特地跑过去，结果发现那条街在做市容整治，川菜馆没了，重新装修过，换了新的老板，猛地一阵失落。

虽然小店里的温暖容易被现实敲打，容易因街道整治、租金上涨、返乡安家等原因截然而止，但它毕竟真实地存在过，温暖过许多过路人的心。

04

还有些时候，小店里的温暖则是混个脸熟后的人情，拔刀相助的义气。

在所有经常光顾的街边小店里，我最喜欢政民路上的“懒人面馆”了。

“懒人面馆”的老板，2000 年去日本留学，一开始在日本的一家拉面连锁店打工，从洗碗工做到主厨，从主厨做到店长、区域经理，再到后来自己在宫城县和福岛县开店，2015 年回国后在五角场开了自己的店。

一晃将近二十年过去了，老板也从高高瘦瘦的青涩小鲜肉长成了厨艺惊人、热心但话不多的大叔。

老板娘总是脸上挂着笑，热情洋溢、考虑周道地招待每一位客人。

他们家做日式简餐，店里的招牌大骨熬汤、酱牛肉、溏心蛋等，都是老板自制的，不含任何添加剂。三文鱼或甜虾之类的刺身，如果买不到新鲜的，当天就不卖。

“懒人面馆”的菜单比较固定，不太适合总要尝鲜的人。

店里的客人，除了少数的过路客，就是在复旦、财大读书的学生和像我这样在大学路附近上班的白领，大家喜欢去那边吃东西，多半都是因为老板和老板娘随性又热心，颇有“江湖儿女”的风范。

L 毕业后自主创业，主营香薰蜡烛和护肤品，刚开始资金匮乏没什么钱做宣传引流，老板娘就在面馆的玻璃窗前给她留了块地方做展示，有客人喜欢的话会帮着卖。

C 得知老公在外面还有别的女人后，坚决要离婚，为了抢儿子的抚养权闹得不可开交，可她一个人嫁到上海，举目无亲，结婚后的青春都消耗在家务和养孩子里了，身边连个出主意的人都没有。刚好店里常去的客人里有几位是律师，老板娘就帮 C 牵线搭桥介绍律师。

我自己呢，新书还没上市，老板和老板娘就提前帮忙吆喝起来了，说这个年头出书不容易，大家一定要支持我，哪怕后面店不开了，老客的微信群还是在的。

2018年，“懒人面馆”两次接到被勒令关门的通知，加上续约的问题一直谈不拢，店开不下去了。

关门前一周，老板和老帮娘在打烊后，组了几次熟客的酒局，店里有酒有菜，谁有空就过去，有酒的话就带上酒，没酒就空着手去，大家在那里随意地喝喝酒、聊聊天。

“懒人面馆”营业的最后一天，我在店里看到了很多熟悉的面孔。

中途，几个酒足饭饱的人跑出去抽烟了。

老板娘坐在沙发上，抱着花生，我则坐在一旁跟牛奶玩。她说早上去复旦那边的报刊亭买杂志，遇见一个80岁左右的老奶奶。老奶奶说，年纪大了，报纸上字太小，看不清几个字，但她每天一定要出来散散步，买2份报纸，站在路边跟人聊聊天，不然一把老骨头完全跟社会脱节了，也很要命。

报刊亭的大叔，今年59岁，站在那儿整理报纸和杂志，用抹布擦擦落在杂志上的灰，伤感地说了句：“报刊亭要拆喽，还有一年我也退休了。”

她接了一句："我们也要走喽，店开不下去了。"

我忽然很难过，一时之间不知该说点什么缓解气氛，抱着橘猫有点二地来了句："你看，牛奶又吃胖了，我都快抱不动了。"

2018年6月6日10：45，老板娘发了上半年的最后一条朋友圈："'懒人面馆'暂时和大家说再见了，多谢各位三年零三个月的光顾和关爱，以后有机会再聚。"

我们这群懒得做饭的"懒人们"像告别了一个时代。往后余生，还约饭不？

大城市里风很大，一个人要记得好好吃饭。

我宁愿花钱，也不愿意刷脸

01

简书奇人、社群玩家 V 先生，喜欢在微信上给人发红包。

当然，他不会乱发红包，每个红包背后都有一个合情合理的缘由，心情好也是一种。

有一次，我们在微信上讨论他微信公众号的风格以及观点输出的方式，我表达了一些自己的见解后，他觉得十分有道理，立刻给我发了一个不大不小的红包。

当时我正在饭桌上，收到红包后，嘴角不自觉地上扬。

心情愉快，不是因为这个红包里面的金额，而是因为自己的观点得到了认同，并产生了小小的经济效益。同事瞥见了我的手机屏幕，顺口感叹了一句，这个人怎么这么上道，难怪你一直在跟他探讨学术问题，菜都上桌半天了，也不见你动筷子。

起初，我以为这只是个偶然事件。

时间久了，发现V先生确实是有在微信上给人发红包，以此来回馈他人善意帮忙的习惯。

后来他到上海出差，我们一起吃饭，聊到这个，他才道出这个简单习惯背后的深刻缘由。

他说，公平的利益交换，要远胜于勉为其难的情面。

因为研究新媒体和社群玩法，他创建过无数个微信群，尝试过N种微信平台上的创意互动，也因此加了无数个微信好友，包括不同领域内的红人、对新媒体感兴趣的朋友和因互动玩法认识的陌生人等。

有段时间，他的微信通信录夸张到要定期删人来置换新鲜血液。

得益于强大的微信好友资源，他经常在微信上跟人探讨互联网思维、新媒体运营、抖音运营、写作技巧等领域内的一些问题，但凡他觉得对方的观点对自己有所启发的，就一定会给对方发一个红包，以表谢意。

他说，他不敢保证每个红包都能完全等价于对方观点的价值，但至少这表明了他的态度：一、他是一个懂得感恩和表达谢意的人；二、往后再跟高人或朋友交流问题时，也不至于羞于启齿，毕竟，没有人喜欢一直单方面付出。

不得不说，我非常欣赏他这种在人际交往过程中“刻意调和公平性”的手法。

要知道，他只用了一个红包，就同步实现了得到帮助、相对公平的利益交换和润滑社交关系，根本就是一箭三雕啊！

从那以后，我复制了 V 先生的做法。

一般在微信上托人打听事情或帮忙，都会发个红包表示一下，尤其是不熟悉的朋友之间。这跟借钱好借好还的道理一样，别人帮了你，你得了好处的同时，也让别人身心舒畅，这样下回再有事情，只要是在别人能力范围之内，就绝不会含糊。

当我把发红包这种利益均衡和心理补偿的秘诀分享给身边的朋友后，有人过来问我，那红包发多少才合适呢？是事前发，还是事后发呢？

这里我要说明的是：一、发红包只是举例子，重点是要有来有往，别人帮了你，你也应当有所回馈，除了发红包以外，精心挑选一份礼品，挑个好的餐厅请别人吃饭，也都是不错的选择；二、至于红包的金额，那肯定要看你跟对方的关系深浅、对方帮的这个忙对你有多重要以及他要耗费多少精力，需要具体问题具体分析，很难一概而论的；三、至于事前和事后，我一般会选择事后，因为事前发红包的话，别人可能会产生压迫感，认为你这是用红包催他帮忙，事后就不一样，表明感谢的成分非常明显。

02

人类有着深入骨髓的趋利避害基因，不然也不可能在地球上同期存活的众多物种灭绝后，还能顺利繁衍、进化，直至统治如今的地球。

如果单纯站在某一个个体的角度，他一定希望实现自身利益的最大化。可问题在于，没有一个人是傻瓜，会完全牺牲掉自己的利益去成全他人的利益。因此，在社会交往中，最和谐的一种关系，是顾及双方利益和需求的“均衡相处模式”。

只有这样，一个人的社交才会越来越如鱼得水。

为什么有些老板的生意能越做越大？为什么有些人的交友圈子越来越宽广？为什么有些人的风评那么好？因为这些人，思想成熟，看事通透，懂得在谋求自身利益的同时照顾他人的利益和感受。所以，别人愿意跟这些人做生意和相处。

反之，只考虑自身利益，把别人当傻瓜，把他人的利益和需求肆意阉割的人，最终会错失有效利益转换的途径和他人的援助之手。

这天下，从来就没有什么免费的午餐，更没有什么免费的利益给予。

成年人的世界讲究的不只是利益的公平交换，更是利益的可持续公平交换。

当然，有时候靠情面也能办成事情，但如果每次找人帮忙都靠刷脸，这一年半载下来，怕是面皮难保了。以后，再想刷脸，搞不好会遇到什么“您的信用余额已不足”“您的脸部已消磁”的讽刺回复呢。

无数次人际交往的血泪经验告诉我们，能花钱办成的事情，就千万不要靠情面。花钱办事，通常公平公正，再求不难。可靠情面办事，标准含糊，尺度难以把控，复制起来也很困难，你甚至不知道哪天就上了人家心里的“黑名单”了。

简单来说，与人交往，切记公平交换，利益均衡。这样，社交关系才能和谐长久。

03

但是，生活中有太多人不懂感恩，有失分寸。他们不明白，没有任何一个人有义务帮助另外一个人，即使是熟人也没有义务一直帮忙的简单道理。

比如，朋友 L，会经常遇到一些恼人的“伸手党”。

通常微信好友申请通过后，上来连个起码的寒暄都没有，立刻就打听事情或是索取资源。如果没有及时回复或者没帮到这些人，他们就会发表一些“你没有亲和力”“不够友好”之类的负面评价，每次都弄得别人莫名其妙，不知这些人哪来的自信。

比如，朋友 W，会经常遇到一些“得寸进尺”的人。

第一次，出于好意，碍于情面，帮助了对方，这下就被对方缠上了，每次有点大事小事，只要觉得是 W 能搞定的，立刻找过来，搞得他十分吃力。虽然他是个乐于助人的人，可他也没有那么多闲工夫，天天帮别人去善后啊，他也有自己的事情要忙啊。

比如，朋友 Y，会经常遇到一些“情感没有断奶”的人。

可能，那些人觉得 Y 比较理性、善于分析，又有心理学的背景在，所以只要有点情绪上的失落、工作上的压力、情侣间的矛盾，都跑到她那里去诉苦，释放情绪垃圾，寻求解决方法。可是这些人忘了，Y 也是个普通人，她也会有心情不好的时候，也会有烦恼不安的时候，也会有压力大到爆炸的时候；可是这些人忘了，Y 不是他们的爸妈，也不是他们的私人情感咨询师，她有自己的工作和生活，不可能每次耐心爆棚，有求必应。

重点不在于这些人习惯了单方面索取，而在于这些习惯了单方面索取的人，往往都是一些因某个社交契机认识的“半生不熟”的人。而这些并不熟悉的人又只顾及自己的利益和感受，这样的不知分寸，才叫人恼怒。

那熟人之间有没有这种人？

当然有！

那不妨再问几个问题。

是不是有些人事前好好的，突然就不跟你联络了？是不是有些人本可以成为商务伙伴，突然就态度冷淡了？

没有任何一种疏远，背后没有缘由。

仔细回想看看吧，自己是不是成了他人眼里那个自私自利的人；是不是成了他人眼里无事不登三宝殿、只在有事相求时才出现的人；是不是成了那个达到目的后就立刻杳无音信、连声谢谢和应有的告别礼节都没有的人；是不是成了那个在他人有求于你时，你却袖手旁观的人。

私心以为，人际交往的最低标准是让自己舒服，也让别人舒服。如果很不巧，你是个不懂感恩、不知分寸的人，那么请在人际关系还没有糟糕到难以扭转局面前做出改变吧，如果你身边有很多喜欢单方面索取的人，恕我直言，请尽早远离吧！

能用来社交的技能，才是厉害的技能

01

可乐刚到上海工作那会儿，身边连一个亲近的朋友都没有。

她的同学、好朋友大多留在北京发展了，新公司里的同事也都年长于她，个个深谙“让同事只是同事”的职场法则，并不愿与她发展工作之外的友谊，而她也在碰过几次钉子之后，变得收敛，不再期待跟同事的友谊更进一步。

她只能去工作之外的圈子认识新朋友了，但人生地不熟的她又不知道该从哪里开始。

她很郁闷，跟我发了两百字信息吐槽，还说她一到周末就像被主人关在家里的哈士奇，闷到拆家。

我跟她说，其实交朋友的方式有很多种，有人喜欢主动结交新的朋友，有人交友随性而为从不刻意，还有一种人有流量明星一样的“吸粉体质”，他们从来不愁没朋友。

她又问我什么是“吸粉体质”？

我说，笨蛋，当然是有魔法基因的人啊。

有一类人，他们身边总围着很多人，就像万人体育场华丽舞台上盛装出席的明星，散发出迷人的气质，自带美颜追光效果，叫人移不开眼，其他的人就是乐意围着他们，就是想跟他们玩。

他们从来不用烦恼怎样去认识新的人，因为总会有新的人出现，总有新的朋友主动找上他们。

02

我认识几位拥有吸粉体质的妙人，一个从来不缺男朋友，还没认真咀嚼过空窗期，新的恋情就会涨潮般汹涌而来，另一个从来不缺讲义气的朋友，无论走到哪儿，振臂一呼，应者云集。

某日跟猫力约了在富民路上的一家新开的餐厅吃饭，期间，我接了一个长达 35 分钟的电话，安慰某个失恋不到一个月，还沉溺在画圈圈诅咒前男友的悲伤中的朋友。

挂了电话，顺口问了句："猫力，你最长的空窗期多久？你空窗期怎么过的啊？"

"我有个朋友最近失恋了，天天忧郁烦躁低气压，没聊几句就难受，拼命骂前男友，骂完了就哭。"

猫力优雅地啃着大闸蟹，对我丢了个不可思议的眼神，"别打扰我吃东西，我没有空窗期"。

"你认真的？"

"都说了我帮不了你朋友。我一般还没尝明白失恋什么滋味呢就遇到现任了，然后又继续谈恋爱约会了，我都没时间难过，没试过凌晨两三点在朋友圈刷屏演失恋。

"你这么一说，我忽然觉得我谈恋爱谈得一点都不完整啊！"

听听，这是人说的话吗？

惊得隔壁桌都在朝我们看。果然仙女都是不识人间疾苦的。

不过，她没撒谎。

我跟猫力认识不到三年，她官方盖章的我又见过的男朋友就有4个，至于别的短暂插曲，这里就不赘述了。是因为长得还不错吗？可她又绝不是那种一眼惊艳、美到发光的类型。

猫力没把自己划到"美女"的阵营里，她对自己的颜值有着极为清醒的认知，只能算中等姿色。传统审美标准里的双眼皮、大眼睛、小酒窝她一概都没有，加之平板身材，离胸大腰细的火辣型也很遥远。但她又是聪明的，懂得如何凸显自身优势，没有浪费身材高挑、四肢纤细的优势资源，会穿衣服，配色讲究，每次出现在社交场合时的时尚完成度都很高。哪怕是随便套一件 T 恤，一条牛仔裤，腰间系着一件白衬衫，淡妆清扫，在人群中已足够抢眼。

然而，这些都不是重点，只有女生看女生才会先打量穿搭、妆容、配饰，再仔细看长相，大部分直男看女生，要么看脸，要么看腿或胸，只有少数本身也自律、精致的男孩子才会把穿搭品位列入女生的魅力指数评估因素里。

猫力真正的魔力在于她唱歌很好听，音色很特别，尤其她唱莫文蔚的歌的时候，真像个发光的精灵族公主，余下的时间里，她什么都不用做，便俘获人心无数。

根据圈内八卦谱，她官方盖章的四任男友当中，有三个是因为唱歌认识的。

一个是在朋友的生日聚会上，她唱了一首《其实我一直都想对你说》，聚会还没结束，那个男生就主动加了她的微信，之后毫无悬念穷追猛打。

第二任，在一家酒吧的周年庆派对上，她被抽中参与“素人斗歌”环节，唱了首《*Wonderful U*》，举手投足间散发的自信和淡定的台风，跟长期驻唱有得一拼，当晚圈粉无数，自然也包括她后来的第二任男友。

第三任，更神奇，那次她应邀参加一个创业圈好友的公司年会，本是去凑热闹的，但好友公司的人力资源小姐姐人很不错，在她签到后顺手送了她一个号码牌，猫力一不小心就中了个二等奖——256G 的 iPhone11。拿人手短的她，在好友的带头起哄下，上台唱了首歌致谢，于是又一不小心一唱成名，迷住了她的第三任男友。

至于第四任，也就是现任，是在布拉格旅行时认识的。

猫力抵达捷克布拉格的第一个晚上，天色已经黑了，方向感很差的她兜了几圈也没找到布拉格天文钟，就从路边抓了一个看起来比较好说话的小哥哥问路，用英文聊了几句后，发现两个人都是从上海飞过去玩的。故事就这样开始了。

你看，高手就是高手，人走到哪桃花开到哪。

有些人的人生就像行走的故事贩卖机，总有让人情不自禁想靠近的磁力。

03

除了猫力，四海之内都有朋友的阿 K 也是个神人。

阿 K 主业在互联网公司当产品经理，副业是人像摄影师，在圈子里是出了名的脾气好，酒品好，会聊天，会办事。

阿K身边的很多朋友，都是通过玩摄影认识的，他进这个圈子的时间虽然不长，但悟性高出片快，风格独特，人也随性，加上他的工资足够花，不靠摄影吃饭，拍片就是为了玩儿，为了保持头脑的新鲜度，别人找他拍片，开什么价格主要看他的心情和档期，但凡跟他合作过的，基本对成片都很满意，就算有个别不满意的地方，完美如阿K，也会改到他们满意。

于是，客人们也都乐意做顺水人情，愿意帮他介绍新单子，阿K则给客人介绍他们需要的资源。就这样，有些拍片拍成了好朋友，有些拍着拍着做成了新的生意。

他身上跟“应者云集”磁力加持似的，不管到哪个城市拍片，都能遇到好些有意思的人，随便发条朋友圈，十分钟内必有回应，总能组个痛快喝酒聊天的局。

下雨天，买包烟的时间，他也能跟街角小卖部的大爷站在风里，谈笑风生，再聊下去，人家大爷都有要给他介绍女朋友的架势了。跟一帮朋友去KTV唱歌，进包厢没多久，听到隔壁包厢好像有打架闹事的动静，他去凑个热闹的时间，能把别人的酒喝了架劝了，想走，隔壁的花臂大哥还不让了，非硬拖着他一起唱《乱世巨星》。

有时候真觉得，那些长得好看有特点，才华才艺突出的人，仿佛不跟我们活在一个次元，人家的日常经历都跟小说、电影似的，跌宕起伏，惊喜不断。要不是真的认识，真以为对方是在讲大话。

04

猫力和阿 K 的异曲同工之妙在于，他们都拥有“能够用来社交的技能”，个人魅力值很强，用广告圈的术语表达就是“有卖点”，就好像猫力很会唱歌，能把某个类型的歌唱到极致，阿 K 则拍得一手好照片。

这并不难理解。

人类是大自然进化的结果，人类的各代祖先也都经历了自然界的各种残酷考验和血腥厮杀，人类骨子里流淌着“慕强基因”，乌泱泱的人群中，觥筹交错的社交场合，最先被所有人注意到的，必然是个子高挑挺拔的、五官立体精致的、英俊的、漂亮的、有拿得出手的才华才艺、博闻强识的，其次，才是那些因缘际会不断产生交集的人。

谈恋爱、交朋友都是“双箭头”，“单箭头”必然是无法长久的。

好在“吸粉体质”这种东西是能够培养的，偶像和流量明星的层出不穷就是某种证明。如果你也想拥有“吸粉体质”，成为闪闪发光的人，遇见更多的朋友和故事，不如内修气质才华，外养颜值气质，从一个“旧的我”蜕变成一个“新的我”。

我连口号都替你想好了：光落在你肩上，叫人移不开目光。

女人说分手，都是蓄谋已久的

01

认真地问，你会给男友几次犯错的机会？

2017 年上映的电影《原谅他 77 次》，讲述了港男与港女之间的典型爱情纠葛，有点像另一个版本的《志明与春娇》。女主 Eva 跟男主 Adam 两人拍拖了十年多，一次偶然的机会，Eva 买了一个笔记本，她在笔记本里记录了所有 Adam 让她心碎的瞬间，77 次之后，她选择分手，离开曾经深爱的 Adam。

很多男人以为，女人说分手，要么是一时任性说的气话，要么是以“分手”为威胁，寻求更多的关心和在乎。

他们根本不知道，女人说的分手，都是蓄谋已久的。

02

影片开头，Eva 在客厅写东西，Adam 在沙发上翻杂志。

晚上，两个人背对背侧睡，Adam 睡得很沉，Eva 却一个人偷偷地捂着被子哭泣。无知无觉的 Adam 在家里翻到空荡荡的抽屉、衣柜时，才意识到 Eva 已经搬出去好几天了。

莫名其妙“被分手”的 Adam 在一次庆生会上喝多了，跟学生 Mandy 发生了关系。Mandy 很主动，很热情，也很黏人，认识没多久，就跟 Adam 一起见他的父母，还想跟他结婚。

说来讽刺，正是 Mandy 的缘故，Adam 才发现了 Eva 写的日记，也才明白，在这段感情里 Eva 付出了多少，他愧疚不已，跑到 Eva 朋友的婚礼上说了一大段深情告白，成功把 Eva 追回来了。可 Eva 刚欢欢喜喜地跟 Adam 回家，就发现了 Mandy 遗留的隐形眼镜盒，这导致她对 Adam 彻底失望了，再也无法原谅他的背叛。

我认为 Eva 不是心碎了 78 次才最终决定跟 Adam 分手的，她从买了那个笔记本、开始在笔记本上写下 Adam 的种种不是，写下每一个 Adam 让她失望、难过、心碎的瞬间时，她就已经很清楚，Adam 不是她理想的另一半类型，有离开他的打算了，只是她不愿太快承认。

后来的坚持不过是她想再赌一把，她想再给自己，再给这段爱情长跑一次机会。

毕竟她在这段感情里投入了太多。

我身边有很多女性朋友，首次谈起跟前任分手的原因时，都会假装云淡风轻，说一些无关痛痒的小事，像是男朋友太沉迷于游戏，每天回来除了躺在沙发上打游戏什么都不做，答应陪她过生日、去旅行却又屡屡放鸽子，见她父母的时候空着手还态度不好，不懂照顾长辈的情绪，等等。

日子久了，心里放下了，她们才会说出分手的真相。

小 F 跟男友分手，不光因为她男朋友沉迷游戏，双休日在家十个小时里有九个小时在打游戏，从来不帮她做家务，而是他工作上没有上进心，天天在混日子，从来没想过好好地规划有她的将来。

玥玥的男朋友呢，刚谈恋爱的时候简直堪称模范男友、贴心小棉袄。

在一起久了以后，越来越不把她的事情放在心上，老是说话不算话，生日、情人节和两周年纪念这样重要的日子都是糊弄着过的，微信上还加了好几个不清不楚的女人。她明白激情会退却，但没有一个女人是傻瓜，男人的心在不在你那里再明显不过了，她很难自欺欺人。

至于小新，下定决心跟男友分手的根本原因是因为男友有个

“很会搞事情”的妈。

小新男友把他妈妈的话奉为圣旨，男友第一次见家长，不尊重她父母也是他妈教唆的。说什么还没娶进门，不能姿态上被“女方”压下去，不然后面不好谈房子、彩礼之类的事情。笑话，她还没进门，就先想着打压她了？明显是阿姨想搞事情，男友不能理性处理从中调和反而纵容着？这样的家庭能嫁吗？嫁进去了，还不是没完没了的矛盾？

毕竟婆媳关系好坏与否，很大程度上取决于男方会不会处理问题，是否懂得化解婆媳之间的矛盾。

她们三个本质上跟 Eva 是同一类人，她们说的“分手”都在心里酝酿了几百次。

男友一让她们失望，她们就在心里的小本本上记一笔，男友每次犯错，她们就在心里给男友扣分，所有的负面情绪都是一种“刺”，在她们的心里慢慢生长，当她们对男友的爱被消耗完时，她们就会随便找个事情借题发挥，果断提出分手。

感情从“风和日丽”到“晴天霹雳”只是一念之间的事情，而她们的男友却总是后知后觉。

他们不明白，所有大张旗鼓的离开都是等待你挽留，所有悄无声息的分手才是下定了决心的分手。

03

诚然，Adam 是个不成熟的大男孩，家境富裕、成长环境优越的他，自然不会理解在小破楼里长大、家境普通、一路靠自己打拼才当上大律师的 Eva 的心情。他不会明白她为什么做什么事情都那么小心、专注，不会明白她为什么那么看重“规划”，不明白她为什么那么需要一份“安定”。

但在这段感情里，Eva 就什么都没做错吗？

约了一起看电影，男友迟到，她为什么要撑着伞在狂风大雨里等男友呢？肯定越等越火大啊。两个人一起去日本旅行，找酒店的途中迷路了，争执了半天怎么走，为什么要一气之下一个人走了呢？异国他乡，一个女生又不认识路，自己一个人乱走真的很危险啊！过生日，男友送了“1T 内存”，不喜欢他送的礼物，干吗委屈自己装作喜欢的样子呢？先收下礼物给他一个台阶下，后面再找机会“提点”他一下啊，省得他一直摸不清你的喜好。

世上真没有那么多温柔、体贴又细心的百分百男友，大部分好男人都是被调教出来的。

Eva 从 Adam 家里搬出来时，故意把笔记本落下，就是为了让 Adam 看到，明白她的琐碎心事。可是，情侣间问题都是累积起来的，为什么不在问题出现的时候就着手解决呢？

为什么要拖到事情无法挽回呢？

在一段感情里比吵架、翻旧账更可怕的是“沉默、不沟通、放大自己的一切主观感受”，却从来没想过让另一半知道你真实的感受，从来没想过主动去沟通、解决问题。

两个人在一起久了，有很深的感情，分开了总归两败俱伤。

如果通过沟通能够把问题解决，好好地在一起，不是很好吗？只是一个人生闷气，把所有的“不满”都记在小本本上，根本不利于问题的解决啊！到头来，最受伤害的人还不是自己？

男人大多是粗线条生物，哪怕你在心里都演完一部《甄嬛传》了，他也未必能看出任何端倪，说不定还以为你的沉默与退让是贤惠的表现，压根不知道你早就在心里偷偷计划了一场“大逃离”，准备“放弃他这座城池逃跑”了。

再者，女人的青春很宝贵，真的不适合，大家早点把话说清楚，早分手早解脱，对彼此都是好事情。

有机会把自己的爱情演成“浪漫轻喜剧”，就别放任它往“悲情狗血剧”的方向走，比起把自己塑造成一个“一味付出的、伟大的、完美的”前女友形象，博取一点旁观者们微小的同情，抓住属于你的实实在在的幸福才重要呀。

论如何优雅地吵赢所有的架

01

如果有人在知乎上提问："一男一女吵架，男人说什么最能让女人炸毛？"

点赞位列前三的答案一定是以下几句：

"随便你，你要这么想我也没办法。"

"你又怎么了？"

"行行行，都是我的错行了吧。"

这三句话堪称男人吵架时的撒手锏，杀伤力不亚于女人吵架时最为擅长的"翻旧账和你竟然凶我"，一旦男人嘴里蹦出这三句话当中的任何一句，女人的火气嗖嗖嗖地蹿上来了，哪怕她原本打算理性一点就事论事吵架也会控制不住自己的情绪。

所以，说男人不会吵架的，其实是误解了他们，他们也深谙“吵架之道”，知道怎么去刺激对方，知道怎么用最精练的“兵力”攻城掠地，搅乱对方的思绪，快速结束战斗。

虽然玛莎也清楚这是种吵架策略，不能上当，可当男友嘴里再次吐出“你要这么想我也没办法”的时候，她气得真想把他的手机给砸了。

02

果然，做人不能太嘚瑟，立 Flag 就是用来打脸的。

她前几天跟闺密去做美容 SPA，聊到“经营感情”这个话题时，刚吹过现在和阿醒的感情很稳定，慢慢有了某种默契，两个人开始彼此信任，互相告诉了对方手机密码。结果可倒好，阿醒去浴室洗澡前把手机放在了客厅的茶几上，一直有信息进来，手机一直响，搞得正在修图的她心烦意乱。

她刚准备把阿醒的手机静音，躺在屏幕正中央的一条消息预览让她火冒三丈。

“阿醒，我就想跟你说会儿话……”虽然男友给发微信的人改了备注名，但玛莎用脚指头想也知道这就是他的那位前任。

阿醒洗完澡裹着白色浴巾出来时，玛莎正对着他，黑着脸举着手机，“你什么意思？你怎么还没删你前任的微信，她刚刚给你发信息了，还有话跟你讲，原来你一直背着我跟她撩骚，你觉得这样有意思吗？”

“她说什么了？你别胡思乱想，没有的事。”

“你们都分手一年多了，你为什么不删她？”

“我不删是我觉得没必要，不代表我心里有鬼。”

“那你要是心里没鬼的话，你为什么不删？”

“你这不是在绕口令吗？我跟她真没什么，我要是骗你我就是王八蛋行了吧？”

“别转移话题。”

“你就不能让我看一眼手机，我看她到底说些什么了你这么生气。”

“你还想看信息？你刚刚还说没什么，没什么你还要看手机，你还说没鬼。”

“随便你，你要这么想我也没办法，你把手机砸了行吧，我不看了。”

……

两个人越吵越来劲，谁都觉得委屈，谁都觉得是对方小题大做了。

玛莎委屈的是，她根本不能理解都分手了为什么还留着前任的联系方式，留着过年吗？还是留着以后结婚了给前任发喜帖好赚点红包回来？这是什么人类迷惑行为。

阿醒郁闷的是，搞了半天是前任相亲认识了一个男的快结婚了，但现在两家因为买房和彩礼的事情没谈拢，她不知道该怎么办了，想跟他聊会儿。他虽然没删前任微信，但分手以后也从来没有主动联系过。前任大晚上给他发信息，他也很意外。

03

人禀七情，应物斯感，感物吟志，莫非自然。

这个世界上压根不存在“从来不吵架”的神仙情侣，如果有，那他们一定还不够相爱，爱与欲从来都是交缠在一起的，不是每个人都足够幸运能被以自己喜欢的方式爱着，欲望和占有又不总是站在同一边，一旦发生什么利益冲突，谁都有自己的想法，谁都认为自己才是对的，吵架肯定在所难免。

但我从来不认为情侣吵架是坏事。

遇到矛盾，还能火力十足地吵一架的情侣，通常没那么快分手，因为他们的心还是热的，还愿意交流，愿意给对方一个对剧本的机会，只有凉透了心的人才会悄无声息地跟对方分手。

唯物辩证法告诉我们，矛盾是对立统一的，吵架在激化矛盾的同时，也为矛盾的解决创造了条件。

至少，对玛莎这一对来说，如果不是因为“前任来微信”这个突发事件双方大吵了一架，也不会有后来的静下来好好沟通，把各自对感情、对前任的态度、对方让自己不能容忍的缺点都一一摊开来说，不会达成共识立了双方都能接受的新规矩。

事后，阿醒删了前任，保证就算以后前任再通过别的方式主动联络他，他也不会给出任何回应，为了哄玛莎开心，还把去冰岛旅行的行程提前了。

玛莎呢，则保证以后吵架就事论事，不翻旧账，在大发雷霆单方面“宣判”阿醒有罪之前，给他 2 分钟做自由陈述，当然如果她没控制住，就罚她隔天给阿醒做“马杀鸡”。

言情小说和偶像剧最擅长为大众编织幻想，塑造“完美情人”，对我们来说，享受剧情就行了，千万别被迷惑：现实里没有完美的恋人，谁也不是谁肚子里的蛔虫，只有经过相处磨合后才会有越来越默契的另一半。

04

既然说到吵架，那就不得不提“吵架的艺术”。

琥珀大概是我认识的最会吵架的姑娘了。对外吵架，她是遇到不良商家凭一己之力力挽狂澜、维权有理有据的一把好手；对内吵架，每次吵完架都能让男友心悦诚服地改掉一个臭毛病，譬如不爱洗澡和乱丢臭袜子脏衣服。

了不起的是，她从不靠大嗓门和无理取闹获胜，她觉得吵架的时候只会胡搅蛮缠是对整个女性群体智商的一种侮辱，广告公司出身的她制定了一套《吵架执行手册（袖珍版）》：

不吵没有意义的架，开火之前，明确目标。

吵架是要消耗时间和体力的，一切不以解决问题为前提的吵架都是耍流氓，吵架要有针对性，要明确吵架的根本目的是为了解决问题，不要被坏情绪左右，偏离主题。

不管对方怎么费尽心机引诱你跳入“坏情绪”“不理智”的陷阱，都不上当。

逻辑清晰，就事论事，不翻旧账。

“翻旧账”不是女人的专利，部分男人也熟练掌握这项技能，但它几乎是每个女人怎么都甩不开的“负面标签”，正因为如此，女人们才更要学会有理有据地吵架，就事论事，对方哪里错了，哪里做得不好，哪里伤害了你，要像参加期待已久的辩论赛一样，论点、论据完美结合，有条不紊。

尽量客观陈述，不夸大事实。

这条是她从她爸妈三十年的失败婚姻里学到的最重要的经验之一，也是她一直努力在坚持的。

她爸是个盲目乐观、不爱管事、不爱操心的人，她妈则是个爱操心的、脾气大的人，吵起架来火力十足，金句频出，尤其擅长使用“每次”“总是”“一天到晚”“浑蛋透顶”等夸大频率和程度的副词。每次吵架，都会把他爸数落得一无是处。于是，原本准备低头认错、息事宁人的她爸，总被刺激得重燃斗志，家里一阵天翻地覆。

琥珀则经历了从害怕他们吵架，到烦躁不安，到努力试图阻止，再到明知不论她做什么都无力改变结局的心路转变，前车可鉴，琥珀从小就告诉自己将来决不要像他们。

不吵隔夜架。

比起吵架更伤人的是沉默、猜忌以及怨气的累积，一旦吵架后冷战的时间过长，再小的问题也会变成大问题。所以，即使很生气，也尽量别吵隔夜架，不要从深夜怄气到天明，及时喊停是一种智慧，当谁也无法说服谁的时刻，不如休战存档，等哪天有心情了再继续吵。

留有余地，给台阶就下。

吵架时气急败坏口不择言、专挑能刺痛对方神经的话说，这大概是人类在漫长的群体生活中进化的技能。但人类之所以为万物灵长除了因为我们可以制造和使用工具之外，更因为我们有着复杂又绚烂的情感机制，所以，哪怕你很生气，也千万别把话说绝，覆水难收，被爱的人伤害是很难治愈的。

能把情绪一次性发泄完固然是痛快，但吵架赢了却输了感情岂不得不偿失？

没有人是傻瓜，谁对谁错有时候在吵架的一开始就彼此心知肚明，只是大家都习惯了为立场、面子以及两个人在感情天平上孰高孰低而僵持着，请永远记得吵架时给台阶就下，见好就收。

虽然吵架能消耗热量和锻炼口才，但如果有些问题能用撒娇解决，又何必大动干戈呢？

温柔，才是女人最锋利的武器，杀伤力不输古龙笔下的“七种武器”。

总是讨好别人，你一定不太好受

01

“讨好型人格”，不愿跟任何人起冲突，特别能压抑自己内心的真实需求和感受。

他们的世界好像是围绕别人转的，一般只要身边的人提了什么要求，他们会十分自觉地附和并呈现出随从状态，哪怕对方提的要求是违背他本意、与他自身的某些利益是冲突的，也会选择妥协。

晓凡就是个典型的“讨好型”人格，经常迁就别人，照顾别人的感受，搞得自己不太好受。

表面上看，“讨好型”人格是有利于润滑人际关系的，但问题在于，你永远不知道那些总是很好说话的人什么时候会突然爆发。

退完房、寄存好行李后，四个人站在酒店门口等出租。

小晨突然发问：“待会儿去吃什么？火锅吗？”

西西爽快地说：“行啊，临走之前再吃一顿，重庆的火锅可太好吃了。”

罗西则提醒大家不该空着手回去，“哎呀，下午就要走了，好想再玩几天啊，对了，重庆有什么特产啊？我之前发朋友圈忘了屏蔽公司同事了，回去肯定要带点吃的什么的，不然说不过去。”

“那待会儿我们吃完饭去看看呗。”

几个朋友七嘴八舌地讨论在重庆最后一天的行程安排，没有人注意到站在一旁的晓凡的沉默和她眼中的黯淡。

“你们吵死了！我不想吃火锅。”

“出来玩七天，吃了三次火锅，现在又要吃，我前两次吃完都拉肚子了，你们就不能照顾一下我吗？我又不像你们那么能吃辣，我每次都迁就你们，你们就不能迁就我一次吗？”

“上次出去玩也是，在香港一共就待了两天，我想多去逛逛，你们一直在买买买……”

“我……对、对不起，我大姨妈来了心情不好……我不是那个意思，对不起。”

晓凡一顿连珠炮，另外三个人都愣住了，气氛立刻陷入了浓稠的尴尬。

最后，一向擅长搞人际关系的罗西站出来收拾局面，先是关心晓凡肚子疼不疼，说要去给她买止疼药，还解释是她们几个太粗心了，出来玩最重要的是大家都开心，待会儿晓凡想吃什么就吃什么。

02

可罗西的一番善解人意，弄得晓凡更不好意思了，她也不知道自己怎么突然就抽风了。

后面吃饭的时候，她一直用筷子戳碗里的米饭，心不在焉的。

她有点后悔先前的口不择言了，她真的很笨，本来气氛好好的，硬生生被她毁掉了，以后她们出去玩再也不带她了怎么办？明明都是最后一天了，再坚持一下就好了，干吗要说出来？虽然跟西西她们出来玩，自己总扮演顺从的角色，有很多生闷气的地方，但也有开心的时候啊，都怪她太小心眼了。

可能压抑得太久了吧。

不管交朋友还是谈恋爱，她一向是那种不善于表达自己的人，不知道该怎么去对别人说“不”，一直被别人牵着走。她以为善解人意、好说话就会讨人喜欢，就能吸引到大家的注意，但她错了。

不管在公司里，还是朋友圈子里，她都是最不起眼的那一个。

到不到场，没什么差别，日常聚餐点菜从没人主动问她的口味，反正她不挑食，没有忌口。

就连最后一次跟前任约会，对方跟她分手的理由竟然是说她听话是听话，但太无趣了，一点情趣都不懂。但凡是个性子刚烈、有主见的女孩子，都会因为那番渣男言论跟前任撕 ×，变心也就罢了，临到分手还诋毁对方就真是欠抽找骂了。

晓凡听了男友的话很难过，可她难过完没多久就开始怀疑自己是不是真的有问题?

她习惯了压抑自己内心真实意愿的“表面和平”，不知道该怎么直面真实的自我，怎样去处理矛盾、冲突，大部分时候选择当一只鸵鸟，生活怎么太平怎么来。

在家里也是这个样子。

晓凡大学读会计，志愿是她爸妈帮她填的，他们觉得她毕业了可以当个会计，会计工作稳定、越老越吃香，也不用经常跟人沟通，最适合她了。

在她妈眼里，晓凡这孩子始终是太平凡了一点，不像姐姐晓梦做事利落有主见，也不像弟弟晓天脑子活络，唯一的优点就是听话，不让人操心。

毕业后，哪怕晓凡内心有一万个不愿意，还是当了会计，一做三年，可她每天都很不开心。之后背着爸妈偷偷把工作辞了，还是裸辞，这是她从小到大做过的最叛逆的事情了。

03

晓凡跟我说这些的时候，我很难受，画面感太强了。

我很快想到两个高中同学。

小 M 有着跟晓凡差不多的家庭架构，上面有姐姐，下面是弟弟，因为是老二，加上学习也不突出，从小就不受宠，衣服也是捡姐姐的旧衣服穿，性子很沉闷，但又渴望别人的注意。

所以，她甚至宁愿委屈自己给班里的风云人物当随叫随到的小跟班。

另一个外号叫嗯嗯，脸上有很多雀斑，青春期懵懵懂懂不会打扮，却有一个跟美字沾边的本名，跟班花是同桌，经常被班里几个调皮的男生取笑，很长时间里她都很自卑。

她的初恋是隔壁学校一个流里流气的小混混。

我问她喜欢那个男生什么，她说你不懂，他觉得她好看，还夸她的雀斑很可爱，从来没人夸过她好看。我说你挺好看的啊，我现在就能夸你，我小时候看电视剧《风云》觉得第二梦美死了，我做梦都想脸上也有个那样的桃心胎记，雀斑不跟那个差不多吗？

她回我：那不一样。

我到后来才明白嗯嗯那句“那不一样”里的失落。

“讨好型”人格大多被忽略得太久了，别人只要给一点点关心和肯定，他们就恨不得把心掏给别人，有求必应。

让人郁闷的是，不管是亲子关系、交友还是恋爱，从来都是这样，会哭的孩子有奶吃。

“好说话”是个优点，但一旦把“好说话”放到人与人之间的相处中，如果一个人给人的印象就只有“好说话”，那这个“好说话”它就是个缺点，它的潜台词可能是没有特点、没有主见、自我意识不强、不用太上心太重视，甚至等同于这个人是可以被欺负、很好欺负的。

职场也一样，遵守单位纪律规章制度、默默加班、有什么烂差事别人丢给他不好意思拒绝就应承下来做了的员工不一定能得到领导的赏识。相反，那些偶尔抱怨工作强度大、每次做了点什么成绩、八百年加一次班都会找准机会在领导那里表现的人，总是能引起重视，捞到相应的好处。

屡见不鲜。

04

遗传、个人经历和教育程度等，从不同程度上影响了一个人的性格。“讨好型”人格固然有历史原因可追溯，但如果只把它归结为外部因素，那永远无法真正地正视问题和解决问题。

所有的“讨好型”人格，或者说有“讨好型”人格倾向的人，先应当“校正”价值评判体系，你的自我价值取决于你的能力与贡献，不是由他人决定的，更不取决于他人对你的评价，换句话说，不管别人的要求是否合理都有求必应并不能让你成为一个更优秀或更高尚、更受欢迎的人。

具有“讨好型”人格的人应该果断撕掉“老好人”的面具，把自己从那种对完美形象、好人形象和得到他人赞美与肯定的执迷中剥离出来。

你根本不需要那种虚假的繁荣，它没有任何意义。“老好人”这个社交标签，不能让你被爱，也不会带给你什么实际的利益，毕竟在大部分人心里“老好人”都是用来欺负的，虽然大家嘴上都不说。

具有“讨好型”人格的人都应该更自信，要相信每个人都是独特的个体，你也一样；相信你是值得被爱、正在被人爱着的，相信你天然被赋予提出反对意见、发出不同声音的权利，没有人能剥夺；相信这个世界上没有完美的人，相信别人不会因为你的“不同”就看低你、孤立你，如果真有人这样做了，那你得赶快离他们远点，那不是你的问题，是那些人格局不够、心态不健康。

你就是这样一个聪明的、漂亮的、英俊的、可爱的、性感的、帅气的，既有优点，也有缺点的人，你不需要去活成别人眼中“完美”的样子，你不必被他人定义，你就是你。

最后，一定要勇敢说“不”，善良可以，但不要勉强自己。

就拿晓凡和朋友的相处模式来说，她的朋友也不是有意欺负她或怎样，她们也曾在她失恋的时候陪伴她，工作上出问题的时候鼓励她，但很多细节上的“不如意”让她心里憋闷，可她又没有说，日积月累就成了“被害者”，朋友一起玩总要互相迁就，她一直不说，别人自然搞不清楚她真实的想法。

现在把话说开了。她轻松了，她的朋友也轻松了，不用再当“被动的且不知情的坏人”了。

时间久了，晓凡发现，说“不”也没那么困难，有时候任性也是一种可爱。

当一个人发自内心地爱自己，尊重自己的感受的时候，阴郁的种子就失去了作妖的土壤。

上海到底排不排外

01

那日，从徐家汇公园散完步走出来，绿灯，过马路，一辆白色的车横在人行道中央。

我过不去，只得绕着它走。这时，旁边的协警赶忙走过来，冲着车里没什么表情的眼镜男喊了一句："你怎么回事，让行人先走知道吗！"

忽然有种莫名的感动。

"上海到底排不排外"这个话题，不论什么时候提起来，都能够引起一阵血雨腥风般的讨论。排不排外，仁者见仁，智者见智，每个人的经历和遇见过的人决定了他的答案。

在这里，努力工作、事业打拼成功的，找到归属感的，遇到了友善的上海人的人，不认为它排外；在这里，遭遇过部分自诩高人一等的上海人不友善对待的、被高昂的物价和房价压得喘不过气，想留却留不下来的人，多半会认为它排外。

02

我在地铁上遇到过很友善、很时髦的上海太太，热情地跟你聊天，还问你光腿穿裙子冷不冷。

在美术馆做志愿者时遇到的搭档，是个长得漂亮腿又长的上海小姐姐，在上海市中心有好几套房，哪怕一辈子不工作也衣食无忧，但人家一点也不骄纵，从来不会看不起外地人。

工作中，遇到过自称打死不会娶外地媳妇，觉得全中国除了上海以外其他地方都是“穷酸”代名词的极端偏见、排外的上海男同事。也遇到过不论对谁，讲话都慢条斯理，处事温文尔雅，认为户籍代表不了什么，反而觉得外地女孩普遍更独立、工作更卖力，身上有令人愉悦的朝气的上海男同事。

排不排外这件事分人，人不能一概而论，城市也一样。

如果自断眼界，目光短浅，论起狭隘、偏见和排外来，全世界都一样。

英国与荷兰隔海相望，却因为历史因素、复杂的民族矛盾和宗教矛盾，互相看不惯。早在17世纪，两国就因商业和领海纠纷，埋下了仇恨的种子，再加上“英荷战争”中一向自诩“日不落帝国”的英国以战败告终，英国从上到下养成了嘲讽荷兰人的习惯。

英文中有很多贬义性质的词都与荷兰有关，Double Dutch是胡说八道，Dutch Uncle指代“提供尖刻意见、唠唠叨叨地训人的人”，用Beat the Dutch形容人“出色，了不起”，暗示荷兰人无赖野蛮，没人敢动他们。

把目光的镜头再拉远，在欧洲大部分国家的眼中，法国的代名词不是“浪漫”而是“罢工”和“小偷”，爱扛民主自由人权大旗的美国也有地域歧视，各个州之间的冷嘲热讽的段子从没停过。

我不知道对别人而言是怎样，至少在我看来，上海是座有温度、有生机的城市。

这种温度，与上海和上海人是否排外没有关系，与上海的经济区位优势和职业发展机会多也没有关系，这种温度来源于：这座城市里有很多认真生活的人——本地人以及外地人，这座城市有秩序、讲规矩，这座城市是肯定个人努力与价值的。

在上海，一个人在能力、眼光、闯劲、勤奋四者之中任意一点上超于常人，他就会被看见，很有可能成功。

在上海，一个人在才华、修养、品位、履历四个维度上任何一点很出挑，他就会被欣赏，被人肯定。

这也是，哪怕前路漫漫、困难重重，很多落后小镇走出来的青年，心甘情愿在这里燃烧青春、拼搏一把，努力留下来的原因。

有的人认为在这座城市里遇到的陌生人都只是一滴面目模糊的水，踩在庸碌的泥沼中，越陷越深，却不知道每一滴水都能在感情迸发时沸腾，每滴水背后都藏着一个色彩斑斓的梦。

我身边有很多人在这里找到了人生的目标、努力的方向，短短几年，从平凡到大放光彩。

他们认真工作，努力赚钱，利用忙碌中挤出来的时间，读书，思考，学习额外的技能。他们在重塑“自我”的同时，也在提升自己守护家人的能力和经济基础。他们平凡而又伟大。

在商场买衣服，认识了一个姑娘菲菲，活泼能聊，看起来像 90 后的，聊起来，才发现她是 80 后，还是两个孩子的妈。

熟了以后，她跟我说，其实她跟她老公都有两份工作。她白天在店里卖衣服，晚上回去兼职帮人做公众号排版。她老公呢，白天在公司上班，晚上出去开滴滴。这样，每个月家里就有四份收入，虽然还是比不上那些动辄月薪几万的金领，但他们很知足。

他们想着，趁着孩子还小，多存点钱，以后把老家房子的房贷还完了，就回老家开个小超市之类的，孩子也能跟在自己身边，一直让父母带也不是个办法。

Felicity，译作费利西蒂，有“好运、幸福”的意思。

小 F 入职的第一家公司里，为了方便日常沟通，每个人都有个英文名，每个人的中文名和英文名都会被印在员工卡上。当 HR 问她英文名是什么的时候，她纠结了很久。

她中学时用过 Angel 当英文名，可青春期的她脸上长满了痘痘，因为营养不良又干又瘦，一点都不美丽不 Angel，因为这个，没少被班里几个调皮的男生取笑，她可不想噩梦重演，再取个与自身气质不贴切的名字，落人话柄。

她在网上查了很久，查到了 Felicity 这个单词，便一直交替用 Felicity 和小 F 这两个名字，希望好运能眷顾学历不高、一个人跑到上海独立打拼的自己。

她 2013 年刚到上海的时候，被人以介绍兼职、当平面模特为由，骗过很多次钱。

那些看起来都是正规公司，在市区像样的办公楼里办公，有态度很好的前台小姐姐。

可一旦她交了押金，就是另外一番光景了，打电话不接，发微信没人回，更别提给她介绍工作了。她一个人，人生地不熟，又不敢去骗子公司讨回公道，只好自认倒霉。

好不容易找到了一份前台的工作。工资不高，但好在公司有员工宿舍，包吃包住。

因为有过一段被骗和穷到要跟朋友借钱吃饭的惨痛经历，她的危机意识特别强，她知道前台是个青春饭，工资也没有什么上升空间，就用存下来的钱报了行政管理培训，学成之后，顺利地找到了一份行政专员的工作。

她自知没学历优势，所以比旁人更勤奋、更努力，抓住一切机会学习，自学英文和平面设计。每天最早到公司，是公司里最不嫌麻烦、最不嫌事情多的人。很快便完成了升级、加薪的两级跳。

如果她自己不说，没人会猜得到她过去的遭遇，现在的她，妆容精致，双眸散发着自信的光彩，跟这座城市相处得很融洽，毫无外来痕迹。

小 A 是我一个朋友的表哥，做金融的，老婆是律师。

小 A 和他老婆，都不是上海本地人，大学毕业后双双留在上海工作，两人用力打拼了七年，在上海全款买了房，后面又买了车，去年生了一个特别可爱的女儿。

现在他们的生活算是安定下来了。

小 A 说，外地人要在上海安家压力很大是没错，但人就像棵树苗，只要自己有能力、肯打拼，到哪里都能扎下根来，他能扎下根来，就说明上海的土里没有毒，没使坏。

03

我在上海遇见了很多怀揣梦想的人，如作家兼摄影师瑞卡斯、某轻小说阅读APP的创始人阿宝、独立音乐人李漾、私人定制师锡民哥、文身师石头、某网红青旅创始人，等等。

我自己，也是在上海这座城市的打击和激励下，重新点燃儿时写作的梦想，业余时间写了几十万字，出了几本书，圆了当作家的梦想，并且还在这条道路上继续努力着，希望能写出更多治愈人心的文字与好故事。

那些下定决心在上海好好打拼的人，从来不惧怕从零开始。

城市跟人一样，有它的个性、品格，有好的一面，也有不好的一面。

哲学告诉我们，事物的发展是外在和内心共同作用的结果。如果我们只看外部因素，把什么事情都归于“外因”，相当于把事情的主动权都拱手让人了，自然也很难得到想要的结果。相反，如果我们理性地看待外部因素，去利用外因中对我们有利的部分，再不断从内因方面着手，提升内因的积极影响力，那么，不论你的目标是什么，都是有迹可循，能争取实现的。

如今在上海，“本地人”和“外地人”的概念已经变得模糊。

据我所知，住市区的上海人和住郊区的上海人，也有互相看不起的。有些住偏远郊区的上海原住民，去人广、静安这样的地段逛街、买东西，他们不说去“市区”，他们说去上海。闸北在跟静安合并之前，也被某些上海人认为是偏僻的“乡下”。

今天，有很多上海人也不是严格意义上的“上海人”，有的往上两三代，也是从其他地方迁徙过来的，因为求学、务工、做生意等原因，江浙一带过来的尤其多，安徽、湖南、河南等地的也不少，有的是通过积分落户等方式，刚拿到上海户口的“新上海人”。像北京、上海、深圳等这样的一线城市发展到今天，已经不完全属于本地人了。

我觉得上海属于每一个为它的发展而努力过、贡献了自己力量的人。

失恋这种病，
没有速效救心丸

01

站得越高，摔下来越疼，被用力爱过的人，被分手后更难熬。

心理学说，强烈的情感痛苦会刺激全身的神经网络导致疼痛，所以有些人闹分手才难过得像心脏被穿孔一样。对离落来说，毕业后异地第二年突然袭击的鲜红喜帖和被分手，如末日塌陷。

那阵子，她每天浑浑噩噩，半死不活。

吃饭走神、坐车走神、开会走神、开车走神，好不容易撑到下班，朋友圈连发几个状态四处吆喝，喊人一起喝酒，一向乖巧的她，抽烟、喝酒，蹦迪到凌晨，陌生人开的卡座也敢去。

这些，都是她曾经半句不离口的“凉茶”的功劳。

大二的平安夜，她正躺在宿舍里纠结，要不要跟室友去学校附近商业街的圣诞集市凑热闹。

有人敲门喊："401 江离落，楼下有人找。"

懒洋洋地裹紧小棉袄，下了楼，凉茶捧着一束花等着，周边散落着看热闹的人。

她越走越近，人群骚动。

距离 1 米，凉茶大跨一步，把花塞进她怀里，"19 朵香槟玫瑰，我只钟情你，江离落，做我女朋友吧。"一口气，干脆利落，不容拒绝。

她这才注意到，凉茶的身后还站着一胖一瘦两个男生，把横幅举得高高的，红底白字写着"答应他吧"，好浪漫。她一不小心成了青春偶像剧的女主角。

心跳像不断加速的鼓点，早在大一，她就对凉茶暗生情愫了，他是在陌生的北京城里第一个对她嘘寒问暖的人，像冬日里的一米阳光。她很怂，一直不敢表白。

没想到，凉茶会主动表白，还在平安夜搞出这么大的阵仗。

只觉得脑子里嗡嗡的，有一百只小蜜蜂在叫。

凉茶靠得太近，她整个人都被香槟玫瑰的芬芳和凉茶身上散发出来的荷尔蒙包围，动弹不得。

围观人群自然是热闹不凑白不凑，起哄着，"答应他，答应他。"

一脸懵懂的她反应过来后，用力地点了点头。

离落是个小懒猪，早上总是贪睡不爱吃早饭，凉茶每天早上跑完步，先打包一份热乎的早餐给离落送过去，再折回宿舍，拿书上课。

北方冬天很冷，离落又不爱戴围巾手套，站在风里，小脸总是冻得像个胡萝卜头。

每次两人约会，凉茶都要先数落离落几句，再用自己宽大的围巾把离落裹成一只粽子，接着用宽大的掌心包着离落的小手，温柔地摩擦生热。

好像他跟刚才骂人的人是孙悟空和六小龄童的关系，其实没有本质关系。

太多过往，太多细节，一起合力证明那个人曾经多么疼她。

但有些疼爱，越回忆越讽刺。

02

毕业后异地，一个北京，一个上海，忙起来一两个月都见不到。

离落知道这样一直拖着也不是个办法，他们两个总要有人先妥协。她一直在跟爸妈磨，一有空就给他们做思想工作，就等着爸妈松口，恩准她嫁到北京。

但她没想到凉茶那边生出了变故，他不等她了，他不要她了。

单方面被分手的第二天，她骗爸妈说公司临时安排她出差，买了大清早的机票飞到了北京。

北京毕竟不是上海，十月很凉，她穿着一件连衣裙出现在凉茶公司楼下的时候，他吓了一跳。

她从包里拿出请帖，气得扔在地上，“凉茶你听着，你只能跟我结婚。”

她脾气发了，娇也撒了，把以往奏效的方法都试了一遍，凉茶却没半点改变主意的意思，以往的感情都是假的吗？说没就没了？

她继续不甘心地问，凉茶只是冷着一张脸，“婚期定了，家里都安排好了，你回去吧。”

“别闹了，怪难看的。”

他见围观的人越来越多，狠心拨开离落的手，迈着长腿快速走开了。直到车子开出去很远，离落才像刚刚还魂，蹲在地上捂着嘴、号啕大哭起来。

03

从北京回来后的离落性情大变。

她变得挑剔、乖张、爱抬杠，动不动就挑刺儿，拿话呛人，因此在公司得了个“不高兴”小姐的名号。起初，同事们背地里骂她有神经病，辗转知道了单方面被甩、前男友要另娶她人的消息后，又多了几分同情，都尽量避让着她。

奶茶店的老板、好好先生小默，刚好出现在离落性情大变的转折点上。

他丝毫不在意这些，离落吸引他的，似乎恰好正是她的“坏脾气”。

对于这种诡异的异性吸引，就连日常自诩情感专家的我也没断清子丑寅卯，默默把离落跟小默先生的缘分归类为“莫名其妙的爱情”。像龙卷风一样，来得太快，猝不及防。

另外几个朋友就算没见过小默先生真人，也大抵知道他的辉煌事迹，我们都知道对于还没从上一段失败的感情里走出来的离落来说，现在不是投入下一段感情的最好时机，可我们又都出于朋友的私心，没做任何劝说和阻拦，我们都希望在那段不堪的时间里，她能多被爱一点。

他们认识的那半年里，小默先生像宠小孩子一样，无条件地对离落好，十足的好好先生。

外卖总是随叫随到，离落点了奇怪的东西，他就待在店里研究菜单。

时不时地给离落发一些经典的笑话，离落任性发脾气，他也不计较。离落加班，他会开车跑很远，跨区排队给离落买她最喜欢喝的粥，忘了自己也是开了几家网红餐厅的人。

在外人看来，小默先生除了没有男友的名分，男朋友该有的温柔和体贴，一样不缺。

离落一直沉浸在失恋的痛苦中，放纵自私，默默接受这一切。

直到有天半夜，喝醉酒的小默先生给她打电话，说了一堆她听不懂的胡话，说什么以前是我不对，我累了我好想你，你回头吧，只要你回头，我们马上结婚……

她才意识到该整理一下她跟小默先生的感情了。

原来她不是唯一的“失恋后遗症”患者，他们两个都有病，都病得不轻。

如果说，她自私地把小默先生无条件的好当成治疗情伤的药，那小默先生则把对她无条件的纵容变成了对前任的补偿。可这样真的有用吗？这样的自欺欺人、自我放纵又能持续多久呢？

04

她找了个周末，把小默先生约到了环贸商场附近的一家咖啡厅，把话说开了。

她说，过去那段时间，她只顾自己的感受，从来没为小默先生考虑过，她不能再像一个吸血鬼一样，自私地享受小默先生的好了。

她一直都被别人照顾着，凉茶说得对，她就是个“麻烦精”，以后，她再也不给别人添麻烦了。

第一次，在小默先生面前的离落，清醒理智，像身体里住进了另一个灵魂。

小默先生也坦白，离落的声音很像她，被他狠狠辜负过的人。

他不是情圣不是正人君子更不是什么霸道总裁，他的主动接近，都是处心积虑，他爱的人车祸死了，醉驾，怀着他的孩子死了，比香港电影还狗血。

他又说，离落故意藏起兔尾巴装大灰狼，故意挑事发脾气还以为旁人什么都不明白的样子，有点可爱，这部分是真心。或许，可以等两个人都整理好感情以后，重新开始。

可离落不想听这些，也听不进去这些。

她只想快点长大，快点变成独立、自信又懂事，任何事情都能独当一面的女孩子。

我说过两万字安慰离落的话，她只记住一段：

“好比写小说，故事的结局一定有好有坏，但人生中的任何巨大动荡，都能让一个女孩子在疼痛中长大。人总要在孤独中成长，没人可以一直活在纯良无辜里，纯良无辜一定是很多守护换来的。”

05

隔年九月，离落踏上了去法国攻读婚纱设计的新旅途。

上飞机前，她发了三条信息，一条朋友圈。

给凉茶发了八个字：祝你幸福，后会无期！

给小默先生发了两句话：谢谢你给过我的好，先欠着。失恋这种病，没有速效救心丸，我们的心病都只能自己医了。

给我则发了长长的一段话：稀里糊涂地活到二十六岁，我很失败吧？阿夏。我还是不知道自己到底想要什么，但我会好好地读喜欢的设计，把少女时代的梦想找回来，分手也好，省得儿女情长妨碍我搞事业。你要在上海等我凯旋。等我回来，气吞万里如虎，给你设计婚纱，么么哒。

最后，她在朋友圈发了一张上海的天空，配文：

“在一片荒芜里勇敢流浪，爱情是向往的地方。遇见那个人以前，好好地爱自己，遇见那个人以后，彼此好好相爱。而现在的我，最想要好好地爱自己。等我回来。”

她始终没能知道凉茶突然铁了心分手的原因，或许，他真的有苦衷，说不定他得绝症了呢（不要笑，女生真的会这样胡思乱想），又或许，就真的是移情别恋变心了那么简单。

但不论是哪种，她都不在意了，不想在意了。太累了。

我也在分手后追过前任微博、微信相册封面和个性签名的更新，妄想看到对方还爱着自己的痕迹，他曾经那么爱我（当然，不是他演技好，就是我太蠢了），也妄图找到对方新恋情的蛛丝马迹，好彻底死心，黑眼圈半年没下去过，在无数个夜晚痛苦失眠。

可就算知道了那些隐秘的前因后果，知道那些匪夷所思的后来，也不会改变什么，何必呢。

时间的沙漏昼夜不停，我们都是走在路上的人。

走到一座很美的城市，吃了一家很棒的餐厅，遇到了一个很优秀又很爱你的人，情不自禁地以为，那就是最好的时光，希望时间定格在那里，结局定格在“从此，王子和公主幸福地生活在一起”。

然而，这条路还没有走完，这条路不知道什么时候才能走完，或许，前方有更美的城市，别样风景，异域美食，五色灿烂，真命天子，每一个短暂的结局，都意味着全新的开始。

分手以后的伤，我们自己医，不然，哪有底气抵抗将来的岁月动荡，握紧长远幸福。

爸妈，
长大后，我想和你们重新认识

01

螃蟹说过一句很经典的话："长大以后，家可以经常回，但不能长住。"

我只用 0.03 秒就理解了这句话的精髓，我们相视一笑，继续绕着二中翻新后的操场散步。

螃蟹的心情我也有过，我身边每个独自在外面漂泊打拼不爱回家，尤其是逢年过节不爱回家的朋友，都有各自的细密心事，他们多半跟父母之间有这样那样的矛盾，没办法好好说话，没办法互相理解，只好选择逃避，免得没说几句就不欢而散，互相伤害。

但故事一开始好像不是这样的，如果把时间这盘录音带倒带，让时光逆流到儿时，那时我们还喜欢缠着爸妈，想让他们别总想着工作赚钱，多陪陪我们，那时我们跟爸妈比现在亲近得多，到底是哪个参数出问题了，长大后，反而跟父母相对无言、相看两厌了？

02

某个微醺的午后，我跟菁菁躺在床上聊原生家庭，聊怎么跟父母相处，聊了很久，聊到柔和的日光斜斜地从窗帘的缝隙里穿过，偷偷踩在地板上，聊到鱼缸里的豹纹斑马鱼都跑过来偷听。

她提到，青春期她跟爸妈的关系很紧张，就突然不知道该怎么跟他们相处了，她甚至灵机一动饭前用手机连蓝牙音响放点有年代感的音乐，巧妙地避免尬聊。

有一次跟爸爸闹别扭，晚饭时扒拉两口饭就一个人跑到房间里生闷气了。

睡前，她爸跑过来说了一句："爸爸也是第一次当爸爸，爸妈都在学着当父母。"那个瞬间她觉得自己像德善，活在被人守护而不自知的《请回答 1988》里。

跟爸妈的关系，起起伏伏，时好时坏。

去年年底，她在老家逛超市，看到个熟悉的身影抱着一堆东西站在收银台那里排队，走近几步后确认了判断，那个长得帅、读书好的男神，如今身材发福，脸上挤满了肉，普普通通地站在人堆里。

她忽然失落，忽然理性。

人都是会变的呀，从 17 岁到 29 岁，13 年过去了，13 年可以发生很多事情改变很多东西的。

她从来没意识到她跟爸妈之间有 13 年相处的空白，读大学以后，工作以后，大部分时间一个人在外面生活，习惯了什么都靠自己，跟父母没什么有效的交流，没共同的话题可以聊，加上中国的父母大多是“大家长式”的，讲究权威，而她又是很有主见的人，难免起冲突。

在不断的摩擦—和好—摩擦—和好中，她总结了跟父母相处很重要的一点——“去意义化”。

成年后一定要转变角色当掌舵人，反思自己也让父母反思，他们有哪些做得不好的地方，他们有没有自己的精神寄托？父母在栽培孩子的时候，总是抱有很多期望，他们把很多东西都“意义化”了，潜移默化地教育我们力争上游当“人上人”，但他们所期待的“人上人”又未必是我们真正想要的，所以，长大以后，我们要“去意义化”，定义自己的生活，而不是照搬父母给的逻辑。

当你有了独立的人格和判断力，当父母看到了你的成长，看到你对人生的把控，他们会基于放心的前提，慢慢放手，退到台下的观众区坐着，把人生的舞台交还给你。

她还举了个例子，她个人不太喜欢微商，她妈妈退休以后闲着无聊加入了某个搞知识付费的微商社群，今天上网课学干货，明天社群做分享的，忙得不亦乐乎。

她开始很不放心，想阻止来着，可后来想通了，只要妈妈不被骗钱，只要她开心就好了。

多理解一点，少干涉一点，关系肯定会变好的。

03

说起来，《你好，李焕英》无疑是2021年春节档的最大黑马。

我和乔夕一起看的，从国泰电影院出来往她家走的路上，我问她打几分，她说如果按豆瓣的评分体系的话，3星到4星之间吧，但有一星情感分。我说，我也是。

单从剧本层面讲，《你好，李焕英》没太多惊喜，但胜在真挚动人，演员的完成度很高。

绝大多数人的泪点都从“她那时候还不会缝裤子”开始，我也不例外。

我这里最大的泪点，就是电影临近尾声的那一句淡淡的“从我记事起，妈妈就是个中年妇女的样子，所以我总是忘记，妈妈曾经也是个花季少女”。

从我有记忆开始，家里的相册就七零八落的，妈妈年轻时候的照片不多，仅有的那两三张照片还是年轻时跟朋友的合照，但哪怕照片泛黄许久，也难掩明艳之色。

妈妈那时还很苗条，满脸胶原蛋白，也烫过头发染过色，戴很夸张的金色耳环，穿简约好看的衬衫和剪裁讲究的蓝色喇叭裤，一脸自信，笑容无邪。这些肉眼可见，但我却不知道，也从来没问过，她的十七岁坐在谁的单车后面，有过什么念念不忘，又是什么让她决定嫁给我爸。

她现在年纪大了，有点胖，怕三高，不敢吃大荤，不敢吃甜的，那年轻的时候呢，她二十岁的时候呢，有什么很爱吃的东西吗？她们那个年代，在厂里上班的时候，日子是怎样的浓淡。

为什么我以前从来没想过这些问题？很多时候，我只是单方面觉得他们不理解我，自说自话，根本不理解我想要的东西，但我也没有认真思考过他们为什么会那样说，那样想，他们担心的是什么？他们的言行背后更深层次的动机是什么？

后来的某个晚上，我给妈妈打了一个长达两个多小时的电话。

我们重新认识了。

我们从来没有讲过这么长时间的电话，也从来没有如此坦白、如此心平气和地沟通。

那晚，我像法医做解剖一样，把所有我的现状、思考和判断，顺着生活的轨迹和纹理一层层剥开，把我对爱情、婚姻和事业的想法，对写作的追求，为什么之前一直没认真考虑过婚姻大事之类的（我很害怕结完婚后的角色转变，我怕在我自己还是小孩子心性的情况下，没办法当好一个“大人”，没办法承担好家庭的责任，同时扮演好好老婆、好妈妈、好媳妇的角色，我怕我搞不定，我还害怕我结完婚后，会囿于生活的安定和琐碎，失去写作上的灵气，我还没写出过很满意的长篇小说）……

所思所想，全都说了，说完以后特别痛快，像一次性卸下了 10 吨大石头。

解决了很多历史遗留问题。

我也第一次听进去她说的很多话，不像以前，左耳进右耳出用敷衍回应维持虚假平和。

04

每个人的成长都有他独特的痕迹，就好比娱乐，割猪草的路上跟同行的玩伴一起追逐打闹、听村里的大广播喊话、听收音机讲

《白蛇传》是我妈小时候为数不多的娱乐。我小时候呢，捉鱼捉虾玩，跟邻居家的小孩玩捉迷藏、过家家，缠着表哥带我去游戏厅玩，看他打《拳皇》。现在城市里的小孩呢，刷抖音，玩电脑游戏，玩编程，玩赛车，跟着爸妈去旅行，看海、看星星、看极光，玩得更数字化、更开阔了。

一代人有一代人的文化土壤、成长背景和生活方式，即使在同一条时间轴上奔跑，我们跟爸妈也像是活在平行空间里的人，注定看到不同的风景，戴不同的“思考帽”（有本书叫《六顶思考帽》，推荐）。

而人与人之间的了解和默契，又需要一定的信息量和顺畅的沟通作为搭建基础。

与其单方面责备父母不理解自己，管太多，太封建，太局限，与其做这样的徒劳无功，倒不如在平行线之间画几条线段，搭几座桥梁，帅气地说一句“爸妈，我想和你重新认识”，走进他们的生活空间，解读他们的语言密码和价值观体系，向他们更新我们的世界。

你会发现爸妈也很可爱的，他们没你想的那么老土，他们也有他们的爱恨情仇波澜壮阔星河灿烂。

当然，我也承认，有些伤害根深蒂固不是单靠改变沟通方式就能解决问题的。

对于饱受原生家庭打压、伤害的朋友，我强烈推荐《原生家庭：如何修补自己的性格缺陷》这本书，爱是滋养，真正的爱让人幸福愉悦，真正的爱不会折磨你，不会让你整天情绪失控，自我厌恶。

劝大家趁早远离有毒的原生家庭，从精神上戒奶，把精神从原生家庭剥离，做一个有独立人格和判断力的人，我想让你抱抱那个受了很多伤，住在你心底的小孩。

天空黑暗，但爱会重来。

我想要你自尊、自信、自爱，愿你被关怀、被尊重、被疼爱。

节奏感不好的人，跳不好自己的人生

01

小夕和雨嘉是小白在同一个圣诞派对上认识的朋友，她们两个都属于那种笑容灿烂，看起来性格很开朗的女生，可奇怪的是，小白和小夕走得很近，对雨嘉却很疏远。一般小夕约小白出去，小白都会欣然赴约；而轮到雨嘉，她多半会找一些借口推托。

我不明白小白这种交友差别化对待的原因，便跑去问她。

她说，很简单，交朋友啊，意外之喜，肯定比刻意为之要好。

那天的圣诞派对，大多数人都是第一次见面，彼此都不熟悉。

一开始，大家都很拘谨，只是单纯地站在那里吃东西、听音乐，间或聊几句……直到酒上来后，气氛才逐渐活络起来。刚好在场有两个复旦大学中文系的学生，慢慢就聊起了文学和戏剧，从英国文学到美国文学，从莎士比亚到王尔德，侃侃而谈，接连抛梗。

旁边有个女生，一个人站在那里喝闷酒，不怎么说话，直到连续好几次听到王尔德的名讳，眼睛里这才亮起了光芒，接着也加入了聊天行列。

原来她以前就是学戏剧的，王尔德是她最喜欢的天才戏剧家。

后来，他们又聊了旅行和摄影，最后竟然轮流讲起了鬼故事。

难得在一个吃喝玩乐的主题派对上，遇到了这么多有共同语言的人，派对结束后，小白跟小夕互加了微信，成了朋友，偶尔会在微信上聊天，有时也会约出来逛街吃饭。

对小白而言，认识小夕这样一个聊得来的朋友是意外之喜。

但雨嘉却不同，她跟人相处的方式让人有种很刻意的感觉。

在大家聊得正起劲的时候，雨嘉凑上来了，简单寒暄后，立刻挨个儿发起了名片。

她对每个人聊的东西都表现出极大的热情，会非常赏脸地点评或附和，可当大家准备侧耳倾听她的想法时，她又吞吞吐吐，说不出个所以然来，一度有些冷场。

那不是个正式的商务场合，只是一个玩乐的地方，在没有任何人提议交换名片的情况下，她突然跑过来发名片，有点唐突有点怪。

尊重每个人表达的观点是一种礼貌和修养，可附和每个人的观点就显得有些虚伪和没主见了。

也许，初次见面，雨嘉很想表现出自己随和的一面，可没来由地过度热络，带给人的尴尬要远远大于舒适。她表现得太用力了，让自然的友谊邂逅变得很刻意。

末了，小白还强调了一句："你知道吗？我差点以为她是做销售的，结果不是。可不光我一个人这样想，那晚的很多人都是这么认为的……"

我说："可能她不懂得交朋友的节奏和分寸比场合还要重要。"

02

我认识一个做业绩很厉害的销售，大家平常喊他晓明哥。

他在某世界 500 强保险公司当代理人，入行后几个月就拿到了"百万圆桌会议"的荣誉（The Million Dollar Round Table），这是全球寿险精英的最高盛会。

他的职场履历也很有意思。

他就读于上海戏剧学院，形象不错，唱歌也很好听，毕业后没有顺理成章地进入影视圈，倒是另辟蹊径地进了广告圈和电商圈，资源累积到一定程度以后，自己出来做，找朋友一起创业，当上了总经理。他的互联网电商公司做得不错，几乎是和国内电商起飞的轨迹平行，那阵子也赚到了不少钱。

但由于最初创业阶段股权分配方面没做好，加上一些其他的问题，后来他退出了自己的创业公司，跳到了国内某头部互联网公司做管理。几年之后，他又从别人眼中令人艳羡的“大厂”跳出来了，去做了保险。

我跟他是在一个叫“创业失败小破局”的线下交流活动上认识的，活动流程有发起人开场、自我介绍、创业经历分享、线下互动交流等。到场的有投资人，连锁餐厅的老板，做高端私人定制的、做财富训练营的、玩私域流量的高手，等等。

大部分人在自我介绍环节，都会一并把自己的创业方向和现在的主营业务介绍一下，给自己打个小广告，争取潜在的合作机会，轮到他的时候，他的介绍很简单，并没有很刻意地聊保险的从业经历、拿到过的奖项，他在保险这个领域的专业度和业绩是我后续慢慢了解到的。

但那天，他的简练和留白反而引起了别人对他的兴趣。

有时候，话说太多未必是好事情，你说的越多，别人记住的就越少，话说的虽然少，但每一句都是点睛之笔，反而更能让人记住。当然，我后来也了解到，他交朋友和谈业务也都是这种风格，先看彼此能不能聊得来，聊得来就谈，聊不来及时止步，也不存在浪费彼此的时间一说。

在商务场合，你越是接触高端人群，你越会发现他们很多时候喜欢“先看人，再谈事”，如果人那关没过，太过功利的话，反而会影响你去拿最后的结果。每个人喜欢的交往、相处甚至是商务洽谈的节奏都是不一样的，要因时制宜。

03

你是什么样的人，就会遇到什么样的人，交到什么样的朋友。

这个问题的核心在于，要是你交朋友的方式错了，即使在路上遇到了志同道合的人，最后也未必能成为交心的朋友。

交朋友，节奏感很重要。每个人接受另一个人成为朋友，都需要一个心理建设过程，都需要一定时间的累积、一定的了解、一定的信用背书做铺垫。

面对慢热的人，你的过度热情会产生一种无形的压迫感，反而让彼此难以亲近；面对自来熟的人，你的过分矜持，又会浇灭别人的心底已点燃的炙热。

你会跳舞吗？

两个人交朋友就像是在跳舞。你的节奏太快了，舞伴会跟不上；你的节奏太慢了，舞伴会很着急。你要做的是，先观察对方的舞步，感知对方的节奏，跟着音乐不断调整自己的节奏，直到你跟舞伴的步调保持一致，能随着音乐一起摇曳生姿。

但凡是出现在公开社交场合的人，不管表面看来是热情还是冷漠，内心至少是不排斥结交新朋友的，如果真的很排斥，他们压根就不会出现在那样的场合。可愿意结交新朋友，不代表愿意和每个人做朋友，每个人对自己的朋友都是有一定心理预期的。如果你在别人心有设防的情况下横冲直撞，不但不容易交到朋友，还很可能引起别人的不适。

深海里的发光鱼会用发光的身体跟别的鱼打招呼；游鱼会用摇摆尾巴、吐泡泡的方式来表达它们的特殊情感；鲸会用美妙的歌声去吸引同伴，自然界动物都有自己独特的“语言模式”，更何况是自诩高级生物的人类呢?

你要做的是，发出自己的独特信号，吸引跟你频率相同的人的注意力。

复旦中文系的两个学生，率先抛出了文学这个话题，她们希望用文学这个媒介去吸引跟自己有着同样爱好的人。

恰好，小白和小夕又都是喜欢文学、喜欢读书的人，所以她们能聊得很开心。文学像是一个热身话题，活跃了气氛，也活跃了大家的口舌，加上后面多样化的聊天话题，照顾到了每个人的兴趣，谈笑风生就是自然而然的了。

雨嘉没能赢得大家好感的重点在于，她的出现很突兀，打断了原先顺畅的聊天节奏。其实她完全可以先静静地站在一旁听，等遇到自己感兴趣的话题再加入进去也不迟，或者更聪明一点儿，先赞同别人的观点，承接前面一个人的话题，再自然而然地引到自己擅长且多数人都会感兴趣的通用话题上，比如旅行、电影、星座之类的。

晓明业绩厉害，是因为他清楚自己的核心目标客户群是中产阶级以上，而中产阶级以上的这部分客户一般学历、收入、眼界都很高，很有自己的见地，最反感被“强推销”，所以他选择了以退为进。他的客户，多半都是先成为他的朋友，再成为他的客户。

交朋友，除了节奏感之外，分寸感也很重要。再喜欢聊的话题，也用不着滔滔不绝；再好吃的菜，也不用一直给别人夹；再好喝的酒，也不必一直给别人倒；再相见恨晚的人也不用立马掏心掏肺，这是一种分寸。

商务场合，端庄严肃；私人聚会场合，亲和有礼，这也是一种分寸。

任何时候，着装和妆容都与出现的场合保持一致，这也是一种分寸。

人际交往中，分寸感的核心在于一个“度”字，凡事进退有礼，恰到好处，如清风拂面，如微香袭人，才是最妙。

即使你很想认识一个人，很想结交某个新朋友，也请你先把这份急切藏起来，循序渐进，给自己预留一个展现个性和自我的时间延长线，也给别人一个认识和了解你的空间范围。

毕竟，突如其来的拥抱和突如其来的吻一样，是否招人待见，关键还得看脸。

如果，你还是不太会交朋友，不如先去学学跳舞。

100件快乐的小事

1. 春天，穿上新买的运动服，约几个好友，去爬山。

2. 夏天，穿上美美的吊带裙去海边玩。

3. 找一个水系发达、植物茂盛的地方，去看萤火虫。

4. 秋天，找一条种满梧桐树的道路，去倾听梧桐沙沙的呢喃吧。

5. 冬天，关注天气预报，瞄准一个下雪天，去故宫看雪。

6. 吃巧克力榛子碎冰激凌，记得让店员多放榛子哦。

7. 为自己做一份烛光晚餐，安格斯牛排配热红酒。

8. 大口大口地吃三文鱼。

9. 约上好朋友去喝下午茶，点一个好看又好吃的草莓蛋糕。

10. 布置一面照片墙，把你路过的风景、喜欢的人和最美的瞬间放在上面。

11. 在写字台上放一盆水培薄荷，想喝柠檬薄荷苏打水的时候还能揪几片叶子。

12. 为自己织一副可爱的手套。

13. 打扮得很漂亮去逛一家文艺书店。

14. 约一群人吃火锅，火锅呀，又包容又好吃哦。

15. 找一家临街的、有巨大落地玻璃的咖啡厅，安静地消磨一个下午。

16. 朋友聚餐，把吃剩的饭摆成可爱的造型（比如小猪和小兔子），再拍照发朋友圈。

17. 周五睡前，不定任何闹钟，再把手机设置成飞行模式，第二天睡到自然醒。

18. 整理房间，把不经常穿的还很新的衣服、家里多余的书找个地方捐掉。

19. 拿出马克笔或彩铅，在咖啡杯上画一个大大的笑脸，写下你当下的心情。

20. 淘宝上买一份材料包，根据喜欢的风格，自制一个随身手账本。

21. 给家里的玩偶缝一件可爱的小衣服。

22. 去逛你所在的城市里离你最近的、绿化最好的公园，再带上一本书或一副防噪耳机——如果你不想跟外部的世界发生任何关联的话。

23. 圣诞节，如果不去旅行，就找一家能看到繁华夜景的餐厅吃饭。

24. 想办法加到自己正在追的偶像的核心粉丝群里。

25. 买一个诺基亚老人机，重温极简的信息生活，让大脑有点儿缝隙。

26. 预订一家你所在城市的民宿，背上一个书包，假装旅行，去听在路上的人讲故事。

27. 挑一家环境好的私人影吧，跟好朋友一起看一下午周星驰或王家卫拍的片子。

28. 找一家评分高的店，体验正宗的泰式SPA。

29. 在家里翻箱倒柜，找出一件母亲或奶奶的衣服，体验一把“古着时尚”。

30. 去二手旧物市场，淘几样喜欢的小物件。

31. 翻阅几本能治愈人心的书，譬如《小王子》和《你今天真好看》。

32. 一个人去听喜欢的民谣歌手的现场演唱会。

33. 叫上最好的朋友，去听喜欢了很多年的歌手的演唱会。

34. 去逛美术馆，体验美的不同形式。

35. 找一个玻璃瓶，装满水，对着瓶口说出你的不开心，然后把水倒掉。

36. 在郊外，找一块空地放烟火。

37. 抄写一首你很喜欢的诗。

38. 学习拍视频博客，用影像记录生活。

39. 学会记账，开始有意识地存钱。

40. 报名插花课程，学习插花。

41. 开始写日记，存储那些琐碎的、细小的幸福。

42. 练瑜伽、跑步或健身，总之，找到一样能让你流完汗以后很快乐的运动方式。

43. 学生时代最好的朋友，你们还联络吗？给他（她）发一封长长的邮件吧，重新连接彼此。

44. 自学一门小语种，诸如韩语、西班牙语、法语等。

45. 每天早上对着镜子说一声“加油，你是最棒的”。

46. 每年至少奖励自己两场旅行，我们总需要一些短暂的逃离，来激活对现有生活的热爱。

47. 跟陌生人互寄明信片。

48. 在豆瓣上发起一场你喜欢的同城活动，譬如城市暴走、读书分享会、桌游局。

49. 夜跑，挑一个安全的、路灯能覆盖到的路段。

50. 去坐摩天轮吧，跟喜欢的人在摩天轮上接吻。

51. 去能俯瞰车水马龙的楼顶吹风。

52. 去电玩城，抓娃娃。

53. 去染头发，染你喜欢了很久但一直没敢尝试的颜色。

54. 坐一次城市环游巴士。

55. 尝试去帮助陌生人，不定期地做义工。

56. 买一个好看的玻璃瓶，准备 52 个小纸条写下你的小心愿，再把它们都折成千纸鹤或小星星，做一个属于你的“时空胶囊”。

57. 一个人的房间太安静，如果不知道听什么，那就听周杰伦早期的专辑吧，能让你重新找到青春的感觉。

58. 妩媚夜色里，把车窗打开，大声地唱歌。

59. 坐在路边，吃着烧烤喝啤酒。

60. 玩一下午蹦蹦床。

61. 每次出门旅行，都带一个好看的冰箱贴回来，如东京的东京塔、首尔的南山塔、伦敦的大本钟、美国的大都会博物馆冰箱贴等，这样每次打开冰箱，都好像在打开一个新的世界，生活似乎也没那么庸碌了。

62. 周末去逛当地的鲜花市场，买一大束绿色桔梗或别的你更喜欢的花。

63. 如果很懒，就养一只猫吧，养猫的人既有陪伴又有自由，因为猫猫的灵魂向来高贵，不论你贫穷还是富贵，它都一样不爱搭理你。

64. 跨年夜，给三年后的你写一封信，有所期待的人，会比较容易幸福。

65. 定期复盘生活，清理手机内存。

66. 勇敢地去谈一场徒劳无功的恋爱，如果你很喜欢很喜欢那个人。有些事情，如果不开始第一次，就永远没办法开始，很多时候我们的不开心，都是因为太理智、太清醒、太清楚利弊了。

67. ______________________________

68. ______________________________

69. ______________________________

70. ______________________________

71. ______________________________

72. ______________________________

73. ______________________________

74. ______________________________

75. ______________________________

76. ______________________________

77. ______________________________

78. ______________________________

79. ______________________________

80. ______________________________

81. ______________________________

82. ______________________________

83. ______________________________

84. ______________________________

85. ______________________________

86. ______________________________

87. ______________________________

88. ______________________________

89. ______________________________

90. ______________________________

91. ______________________________

92. ______________________________

93. ______________________________

94. ______________________________

95. ______________________________

96. ______________________________

97. ______________________________

98. ______________________________

99. ______________________________

100 ______________________________

后　记

敬无法成为野兽的我们

Stan 再次回到上海，是大约一年以后。与以往不同，他这次带着工作。

Terence 筹备了三个月的个人专场汇报演出，终于要在上海国际舞蹈中心崭露锋芒，他邀请了学生时代的学长兼好友 Ken 担任此次的舞台导演，由 Ken 负责彩排、控流程等，Stan 则作为特邀摄影师，捕捉整场的精彩瞬间。

节目单安排得很紧凑，集合了民族舞、古典舞和芭蕾舞的精华部分，对场控和演员的要求都非常高，长达两个半小时的表演圆满结束后，所有工作人员才松了一口气。

演出结束后，当晚的绝对主人公，盛装出场的 Terence 站在舞台中央，虽然他当时激动得妆都哭花了，却还是竭力保持姿态，优雅地接受鲜花与赞美，跟十分捧场的亲友团和学生团妖娆合影。

前台后台满场跑进跑出的Ken和Stan，眼下在成都发展事业，两人难得回上海一趟，一善后妥当，便抓紧时间与我们这帮遗留在上海的亲友团们聚餐、叙旧。

Terence和Ken都是少年时代便开始混舞蹈圈的人，如今，各自在事业上风生水起。Stan从颇有前景的创业公司跳出了CXO（所谓CXO，也就是什么都管什么都做）的身份后，毅然投身摄影圈，当起了全职摄影师。

这两个圈子与我们这些悬浮在上海各个行业的、朝九晚N的上班族基本是绝缘的。

出席当晚演出的人，大部分是Terence本人及他的学生的亲友团，尤其是扛着长枪短炮不停地咔咔咔的那些。

我们这一圈人之所以会出现在现场，大多是因了Ken和Terence的校友情，又因了Stan和Ken之间的诡谲缘分。

这一点儿也不奇怪，根据“六度人脉理论”，你想与这个世界上的任何一个陌生人产生联系，最多只需经过六个人。哪怕对方是超级大明星或美国总统也一样。

世界终究是个圈，圈里大圈套小圈，在答案揭晓前，谁知道谁又走进了谁的圈子。

从舞蹈中心出来晚上10点多，这个点上海的大部分商场都关门了，要想好好吃个饭，必须得找营业到凌晨的店，四男四女一行八个人，沿着虹桥路，一边玩着手机一边研究吃什么。

好在那一片儿餐厅特别多，火锅、烧烤、港式餐厅等一应俱全，加上长宁区历来是日企和日本人集中的地段，日料店尤其多，鉴于Ken是个不能吃太辣太刺激的“假成都人”，走过两条街区后，我们在一家环境还不错的居酒屋坐下来了。

店是Steven从大众点评上挑出来的，在上海，要想吃喝玩乐样样要得溜，你务必得熟练运用大众点评和小红书。

“居酒”二字的字面意思是“停下来喝酒”。

据说，日本早在战国时代就有了“酒屋”之类的庶民经济，但“居酒屋”真正发展起来，是在江户时代，集吃饭喝酒于一体，那个年代光顾的客人以日本的光棍们为主。20世纪80年代后，“居酒屋”逐渐发展成连锁模式，酒菜种类变丰富，客人的种类也更宽泛。

日剧里经常看到白领下班以后，三三两两地聚在居酒屋里喝酒聊天的场景。

店外是典型的红灯笼和绳暖帘装饰。

店里分两个区域，大厅是与《孤独的美食家》风格极为相似的布局，日式长桌配长椅，空间较为拥挤，往里走，再穿过一道日式风情的帷幔，空间就舒展开了，矮桌搭配圆形蒲团，只是须脱鞋入座。

对比了大厅的嘈杂，里面安静，客人也不多，大家纷纷脱了衣帽和鞋子，准备入座。

坐下后没多久，我们吃日料，喝酒，玩 Never have I ever ——也就是“我从来没有”。

这个游戏美剧里的人经常玩，简单来说，就是桌上每个人轮流说一件自己从来没做过的事情，在座的其他人，谁做了，谁就得喝酒。如果当场都没人做过这件事，说话的人就得自己干一杯。

交换秘密，是让人快速熟悉起来的绝佳方式。

一旦尺度得当，收获匪浅。读书的时候，大家玩“真心话大冒险”，毕业以后，玩升级版的“我从来没有”，本质一样，都能套取身边陌生朋友的进一步信息。

在这个环节里，Ken 说，他从来没跟人玩过暧昧。Stan 说还没公开跟领导闹翻过，语气颇有些遗憾。Shelly 说，她从来没想过一辈子不结婚，但鉴于找个满足她心理预期的结婚对象必然是困难模式，她又害怕孤独终老、老无所依，前两年跑了趟香港，给自己买了一份重疾险。她的话，让空气安静了至少 60 秒。

对有些人来说，不管对象是谁，结婚都是一种奢望。

“我从来没有”，这个游戏的趣味从来不是谁喝得多谁喝得少，而是借着每个人的陈述去窥探现场其他人的隐私和独特经历。当然，前提条件是大家都来真的，不玩虚的，不编瞎话，不隐藏。

玩到后来，世界混战，连最后一份“手下留情”也被扔到朝日啤酒里了。

“你们当初为什么会来上海啊？”兴许是酒精和游戏让大家都放开了，话很少的 Mark 突然发问，看似把问题丢给 Stella 和 Steven，实际却是在灵魂拷问在场的每一个人。

一向心直口快的 Shelly 最先给出了答案。她家在嘉兴，家里有些亲戚在上海，她来上海倒不算孤独无依。毕业还没拿到录用信就跑过来了，可待了几年才发现，女强人没那么好当。可是，当年风靡一时的 TVB 职场剧里的主角们，多么英姿飒爽啊，那才是她想要的人生啊。

“我没什么特别的，把这杯喝了吧……”

大家以为没故事听了，配合地低头吃菜。45 秒后，一口气喝了半杯清酒的 Stella，又把话题重新接了起来。

从前有个讨厌鬼，经常在 Stella 耳边念经。说全世界他最喜欢纽约，说有朝一日，华尔街、时代广场、大都会博物馆和中央公园，这几个地方，总会有他的天下。说到国内，那个人点评道：香港如美人迟暮，得到的惋惜多于瞩目；台湾有好的人文根基，可惜这么多年囿于一岛，格局太小；深圳是科技新秀，却略输文采。说全中国最像纽约的地方是上海，繁华、摩登，四通八达，包容梦想和一切可能。说如果最后不去纽约，就会来上海。

“不过，我肯定会去纽约的。”她强行启动过去的某种记忆，模仿着那个人的语气和意气风发。

“他好像是这么说的，还有好多，我不记得了。”

那些你小心翼翼收藏的念念不忘的以为能牢牢记一辈子的人和东西，总会不声不响地落在时间的缝隙里，若干年后当你想挖出那些回忆时，也只能得到支离破碎的记忆残渣。

再后来，那个人真的去美国了，她就跑来上海了。

但 Stella 不愿承认，她是因为那个人才来的上海，说来这里跟他没一毛钱关系。她给自己找到的说辞是，在国内做公关这行的话，首选肯定是北京，其次是上海，香港也考虑过，但居住环境太逼仄了成本太高了，她怕自己去了香港会抑郁。

“那你们还联系吗？”嗅到了故事气味的我，已经按不住八卦之魂了。

“不了。我早把他给删了，不如不见。听说他去年结婚了，挺好的。”

“没有什么放不下的感情。打个比方，就算有人拉着你的手说，不论发生了什么，就算是世界末日，也要拉着你一起往前走，但是有一天他就走了。挥一挥衣袖，什么都不留。我得谢谢他，他把森林还给我了。”

我说，我要写 Stella 的这段故事，她说写可以，前提是不醉不归，并且只接受大女主版本不考虑玛丽苏。

我说小意思，不醉不归就不醉不归。

Steven 的爸妈是典型的“中国式家长”，从小到大对他都很严格。在他父母眼里，正经工作没几样，当公务员是正途，当医生是正途，去银行坐柜台也是正途，别的都是瞎混。他们试过找各种关系把他绑死在家乡，可是，人生何处不青山，他一直很想逃。他老家是河南的，上海远近刚好，经济发达，工作机会多、文艺生活也丰富，周末还能养点兴趣爱好，重点是包邮区买什么都快，这点他很爱。

忘了说，Steven 也是个“资深剁手族”。

“有家的地方没有好工作，有好工作的地方没有家。在家里，你说你是建筑设计师，别人心想啥玩意儿——我盖房子能找你不，能包工程吗你？” Mark 的话得到了 Steven 的强烈认同。

“人面不知何处去，桃花依旧笑春风。”

大概因为就算留在家里，儿时那一批好玩伴要么早早去外地定居了，要么都变了模样，不再有话题可以聊，家里这几年也是天翻地覆地变，再也找不到小时候那种单纯的快乐了。

我在南北分界线上的一座小城里长大（小城定远，古为淮夷之地，战国时期属楚地）。

这些年小城搞建设搞老城翻新，所有有我儿时记忆的地方都被拆得差不多了。

幼儿园前的喷水池、仙女像没有了，母校搬到了一个很大很新但很荒凉的地方，舅舅家的田没有了，姨妈家附近的荷花池、水塘没有了，我经常跑去玩的看人打篮球踢足球的老体育场被拆了，我家对面的一排楼也都拆了，只剩下一片等待重建的荒地和一棵活了几十年的柿子树。

那家人全都搬走了，就剩下它一个孤零零地困在那里。

我每年回家都会去看看那棵柿子树，和它在风中耳语几句。

小城每次回去都有新变化，好多路名都改了，有很多地方我不打车都摸不到。

来上海，除了脚踩的现实和怀揣的梦想，主要是为了那一份文艺情怀。中学时，很喜欢读张爱玲和亦舒的书，但想来上海的种子似乎跟韩寒和郭敬明关系更大，喜欢韩寒的《三重门》《像少年啦飞驰》《一座城池》，也喜欢过小四的《幻城》，上海似乎有着能让当作家的梦想开花的肥沃土壤。

“我跟大家差不多……留不下来，也回不去，也不想回去。”

“把酒祝东风，且共从容。今年花胜去年红。可惜明年花更好，知与谁同。”

“学外语的这个圈子，以前经常在一起混的风云人物，后来做什么的都有，有出国后拿了绿卡在国外定居的，有留在国内创业成功的，有回去继承家族企业的，有留校任职的，还有一毕业就结婚，从此相夫教子当豪门太太，从来没上过班的……”

“那我们呢，何日看尽长安花？”

Stan 右手拿着一杯酒，很松弛地葛优躺着，姿态又爽朗又快活。

正所谓，小地方装不下理想，大城市容不下肉身，Stan 跟我一样，留不下来，更回不去。

Stan 说的答案很跳跃，随意丢了个人物混剪版预告片出来，却把他自己这些年的故事省略了。

酒过三巡，桌上的菜也消灭得差不多了，每人又各自加了几道自己喜欢的菜。

因为下单较多，服务员还多送了盐水毛豆、冷奴豆腐和芥末章鱼。

没等大家开始下一轮的谈笑风生，先前点菜的服务员又折回来了，说是焦糖布丁不够了，点了八份，后厨说只剩一份了，让改一下菜单。

“你们有别的想吃的吗？” Stan 拿着菜单问大家。

“可是焦糖布丁是这家招牌啊，我就想吃那个，网上一致好评，要么先不点了？晚点再说。”

我的提议得到了一致认同。

不一会儿，那唯一一份焦糖布丁端上来了，放在桌子中央，圆圆的一小块，装在精致的玻璃瓶里，像果冻一样 Q 弹的金色布丁，上面铺一层浓稠的焦糖，散发着快来吃掉我的诱人气息。

可就那么一小块，没人好意思先动勺子。

“我有个提议欸，从现在开始这块布丁叫‘小确丧布丁’，《我是演说家》最近不是很火吗？我们定个主题——‘你看起来很好吃，我看起来有点丧’，每人限时 30 秒，把焦糖布丁奖励给全场“最佳”，怎么样啊？反正，人生就是起起落落落落落，生活丧而美嘛。”

“一块焦糖布丁，就想套我们的话啊？你是不是又缺素材了？” Stan 一副一切了然如胸的样子。

“我哪有，玩个游戏而已，都喝到第几轮了，我这不是在调节气氛……”我拿酒敬他。

“来就来啊”，Stella 最先应战。

她一个人住。养了一缸金鱼，又丧又厌世全世界都不想搭理的时候，会跟它们说话。给几条最喜欢的取了名字，最胖的那条叫招财，尾巴上有漂亮花纹的那条叫女王，最活泼的一条叫达达，还有一条长得很喜感的叫“胡汉三”……

她前几个月一直在跟一个大项目，连续加了差不多三个月的班，后期有半个月左右的时间在出差，就临时把钥匙快递给了一个女同事，让她帮忙一个星期喂一次鱼，哪知道，上个月忙完回到家，发现鱼缸里浮着好多条死了的鱼，达达、女王和“胡汉三”都死了，招财半死不活的，以后再也没有“胡汉三”等她回家了。

她当时整个人都不好了，嘴里念叨了半天，“我果然养不了金鱼，单身狗不配养活物。”

很丧地坐在地板上狂想——之前在酒吧撩他的那个男孩子也不是完全不可以，上次在咖啡厅搭讪的那个也还行，一直在逗老板的猫，看样子蛮有爱心的，早知道就应该搞成暧昧对象、备胎男友，这样就有人在必要的时候帮她喂鱼了。

等她说完，大家夹菜喝酒的动作都变成了慢镜头，似乎在为死去的“胡汉三”默哀。

Shelly 呢，也暂时放下了面子，十分坦白。

都以为她所在的汽车行业很香，但其实也不过是表面光鲜。她每天在外面，发着全球知名车企售后服务经理的名片，领着说出去没人信的工资，在上海只够吃喝，两个月的工资也不够她去伦敦旅行买个像样的包。

顶级企业玩的就是等级分明和精密无懈可击的薪酬体系，每个月还要定期聚会……

领导带你玩，好事不一定轮到你头上；领导不带你玩，好事就肯定轮不到你了。这点大家都心知肚明，刚入行的新人，就算欠着信用卡卡债和花呗，每个月的高消费局也从来不敢缺席。

她最近一直在纠结，继续表面的虚荣，还是干脆转到销售部门算了。虽然干销售苦，但工资高啊，钱包硬才是硬道理。她之前认识的一个平面设计师，听说转行了，他居然跑去卖保险了！那么有设计才华的一个人，也是蛮诡异的。

Shelly 百思不解，就跑去问那个人图什么。

他说，不诡异，他就是加班加吐了，要开始守护心脏、颈椎和发际线了。他前几个月领证了，卖保险时间自由提成高，以后能多照顾老婆孩子，设计他也没丢，偶尔接点私活补贴房贷。

“你们要买保险的话一定要找我啊，自从我买了重疾险，我现在可是专家啊。再不然就找我的设计师朋友吧。”

Shelly 最后还帮朋友打了一个小广告。

“设计院太苦了，我再也不想加班了……再也不想加班了！”

坐在 Ken 旁边的 Steven 突然没头没脑地冒出来几句，有种咬牙切齿的痛。

大家正在想怎么接，长桌另一头的青青突然趴在桌子上哭了起来，越哭越凶。一时之间，我们不知道该先安慰谁。紧邻的 Stella，赶紧往青青的位子挪了挪，轻轻拍着她的背。

Mark 抽了几张餐巾纸递过去。

“我不知道怎么说……你们每个人都好忙，都有事情要忙，你想好好看一场电影，都找不到合适的人陪，有时候你只想要那么一点点温暖，但是，你什么都不能说，你什么都不能说，没人发泄，你要一直表现出很完美的样子，什么都能搞定的……样子……”

青青带着哭腔，断断续续地控诉着不具体的对象。没人想到她会突然情绪崩溃，没人知道她经历了什么，她趴在那里痛哭的样子让人心疼，可是，没人能真正替她难过。刀割在自己身上肉才疼。

Ken 低头陪着 Steven 说话，我起身，拿起焦糖布丁，往青青的位置走去。

其他人你一句我一句地轮流安慰青青，可不论大家说些什么，都没法让她更好受一点。

年纪最小的 Shelly，突然态度一转，变成了沉稳的大人模样，说出了旁人都不敢说的残酷事实：“青青，你别哭了，别人没义务对你的人生负责啊……”

完全忘了她先前失恋连续一个多月每晚都缠着朋友疯狂喝酒的事情。

Stan 见状，连忙阻止她：“我们喝酒吧。”

“没人能一直陪你的，这个世界就是这样的……”

“Shelly，你别说了，闭嘴！”我没忍住，用了冰冷的语气，像刚端上来的冰科罗娜。

这时候，Stella 幽幽地说：“干吗把气氛搞得这么煽情，我们这群大笨蛋，刚才可以点甜品外卖的。”

“青青，来吃甜品好不好，不够吃，我们再叫个外卖。”

我和 Stella 一左一右地陪着青青，拍拍背，搜肠刮肚改变不了现实的软话。

其他人努力隐藏的心事也渐渐从心底升腾到微表情上。

我手机一直响，只好跑去外面接，Mark 接替我的位置，和 Stella 一起陪着青青。

等后面回到店里，又喝了几杯，局就散了。

不早了，大家也累了。

Stella 隔天有个讲座，Shelly 隔天要跟大老板对上个月的数据，我要回家赶一篇稿子。

Mark 和 Steven 扶着醉到不省人事的青青，打了一辆车，先送青青回家。

Stan 和 Ken 在 Terence 夺命连环电话攻击下，去了庆祝宴的后半场。

冬日凌晨 3 点半的夜，是寒冷的，混沌不明的。

与浓稠夜色呼应的，只有路过的高大建筑物里透出来的白光，以及红色的、黄色的和绿色的路灯。

冬日凌晨 3 点半的街道，是寂静的，容易失眠的。

它被夜色紧紧包裹着，很难引起别人的注意。它没有声带，没有语言，没有程序，造物者赋予它的只有沉默。城市有噪声限制，它只有在出生和毁灭时，才被允许发出微弱的呐喊，多像那些平日里明理懂事、压抑到极致才敢痛哭流涕的人。

我坐在出租车的后座，任两边的车窗大开着，故意让冷风灌进来，看倒退的街景。

饱暖思淫欲，寒冷却令人清醒。

外面的好像不是街景，那好像是我们每个人都触不可及的东西，一直追不上的东西。

时间？自由？梦想？爱情？固执？自我？骄傲？虚荣？或者是别的？

每一个从小镇走出来，半只脚迈进大都市的青年，都背负着自己的不可说，藏着许多放不下的执念。白天为了满足欲望疲于奔命，夜里难以抵抗铁马冰河入梦肆虐。

在梦想与现实堆砌成的巨大缝隙里苦苦挣扎，内心无数次奔腾过恶的念头，丧的念头，放弃吧，别干了，就这样吧，玩点手段损人利己也是可以的，供应商的回扣可以拿，暧昧可以玩，备胎可以养，身体可以出卖，自尊可以不要，为了成功可以不择手段，这个年头有钱的才是大爷……

但……他们终究无法割舍这层人皮，彻底变异成野兽。

于是，无数次跌倒后又爬起，把一个又一个被冷酷现实召唤出来的小恶魔锁上铁链，关在心底最幽暗潮湿的地方，站在现实面前张牙舞爪地虚张声势同时，内心渴望着满天星河，皓月当空，渴望着梦想开花，平安喜乐。

虽然，有无数个虽然，但是，最重要的还是但是，但是，我们还是想成为闪闪发光的人啊。

落寞失意的时候，请告诉自己，没关系，至少我们还在路上，还在努力抵抗平庸的重力。

敬无法成为野兽的——我们。

图书在版编目（CIP）数据

明天，我想重新喜欢上自己 / 林夏萨摩著 . -- 北京 ：新世界出版社，2021. 11（2022. 1 重印）
ISBN 978-7-5104-7343-2

Ⅰ . ①明… Ⅱ . ①林… Ⅲ . ①女性－成功心理－通俗读物 Ⅳ . ① B848.4-49

中国版本图书馆 CIP 数据核字（2021）第 207714 号

明天，我想重新喜欢上自己

作　　者：林夏萨摩
责任编辑：秦彦杰
责任校对：宣　慧
责任印制：王宝根　苏爱玲
出　　版：新世界出版社
网　　址：http://www.nwp.com.cn
社　　址：北京西城区百万庄大街 24 号（100037）
发 行 部：（010）6899 5968（电话）　（010）6899 0635（电话）
总 编 室：（010）6899 5424（电话）　（010）6832 6679（传真）
版 权 部：+8610 6899 6306（电话）nwpcd@sina.com（电邮）
印　　刷：吉林省吉广国际广告股份有限公司
经　　销：新华书店
开　　本：880mm × 1230mm　1/32　　尺寸：145mm × 210mm
字　　数：250 千字　　印张：8.25
版　　次：2021 年 11 月第 1 版　2022 年 1 月第 2 次印刷
书　　号：ISBN 978-7-5104-7343-2
定　　价：49.00 元